Die deutsche Kriegsmarine 1939–1945

CAJUS BEKKER

Die deutsche Kriegsmarine 1939–1945

WELTBILD VERLAG

Lizenzausgabe mit Genehmigung des Autors und der AVA-Autoren- und Verlags-Agentur GmbH, München-Breitbrunn,
für Weltbild Verlag GmbH, Augsburg 1991

Bildnachweis: Archiv des Verfassers (48), Bibliothek für Zeitgeschichte (22), Bundesarchiv (5), B. Drüppel (9), Archiv W. Freese (8), E. Gröner (Schiffsskizzen), E. de Jong (8), A. Mitbauer (1), W. Schöppe (12), Ullstein Bildarchiv (22), F. Urbahns (39); die anderen Fotos entstammen privaten Bildsammlungen.
Die Karten sind Cajus Bekkers Buch „Verdammte See“ entnommen; gezeichnet wurden sie von Werner Schmidt.

Reproduktionen:
Cleeves Klischees, Hamburg
Einbandgestaltung: Peter Engel, München
Gesamtherstellung:
Wiener Verlag, Himberg bei Wien
Printed in Austria
ISBN 3-89350-348-X

Inhalt

Vorwort

Rund drei Jahrzehnte sind vergangen, seit der Zweite Weltkrieg die Meere und Kontinente dieser Erde erfaßte und Leid über Millionen Menschen brachte. Heute aber, angesichts der aktuellen Weltprobleme, sind die Gestalten und Ereignisse jener Zeit bereits Geschichte geworden. Nicht, daß sie vergessen wären. Im Gegenteil, sie stoßen auf breites Interesse, nicht etwa nur bei Kriegsteilnehmern, sondern mehr noch unter der jungen Generation, die wissen will, was damals wirklich geschehen ist. So erzielte das im Herbst 1971 veröffentlichte Buch des Verfassers, »Verdammte See – Ein Kriegstagebuch der deutschen Marine«, ungewöhnlichen Erfolg: Es stand monatelang auf den deutschen Sachbuch-Bestsellerlisten, erreichte also eine Verbreitung weit über den engeren Kreis der Marine-Interessierten hinaus; zudem wurde es von Anfang an heftig diskutiert, wobei zustimmende die kritischen Äußerungen weit überwogen.

Der tiefere Grund konnte kaum darin liegen, daß in dem Buch sehr viel Neues über den äußeren Ablauf des Seekrieges zu erfahren wäre, der ja im wesentlichen bekannt ist. Jedoch, die neue Darstellung folgte eben nicht den althergebrachten Klischees. Hier ging es mehr um die Hintergründe und Zusammenhänge, um Versäumnisse und Fehlschläge, um verschiedene Auffassungen, ja: um Streit über richtige oder falsche Entscheidungen – um all das also, was hinter den vordergründigen Ereignissen steht, was sie transparent erscheinen läßt und ihren Ablauf erst verständlich macht.

Hier wurde die Geschichte des Seekrieges und seiner Höhepunkte erzählt, wie sie bisher eben doch weithin unbekannt war. Sie wurde erzählt nach den Aussagen der Dokumente, einzig der Objektivität verpflichtet, ohne Scheu vor Tabus, in der Erkenntnis, daß gerade die eigenen Fehler nicht verschwiegen werden dürften, sollte der Bericht auch heute noch sinnvoll sein und seinen Anspruch erfüllen, die Ereignisse ins rechte Licht zu rücken.

Eines jedoch konnte das Buch »Verdammte See« nicht: Es konnte – trotz seines sorgfältig ausgewählten Bildteils – nicht den optischen Gesamteindruck jener Kriegsmarine und ihrer Schiffe bieten, die den Zweiten Weltkrieg bestreiten mußten. Der Gerhard Stalling Verlag entschloß sich daher, das Werk »Verdammte See« durch den hier vorgelegten großen Bildband zu ergänzen. Dabei konnte der Verlag auf den Erfahrungen fußen, die im Laufe eines Jahrzehnts bei der Herausgabe vieler Bildbücher über Teilstreitkräfte der Marine gewonnen worden waren. Manche bereits dort veröffentlichte Fotos sind in diese Neuausgabe der bisherigen Marine-Bildbände übernommen worden – ganz einfach deshalb, weil es keine besseren gibt. Zahlreiche andere Fotos wurden zusätzlich ausgewählt, um das neue Konzept zu erfüllen, das im Titel des Buches Ausdruck findet: Das große Bildbuch der deutschen Kriegsmarine 1939–1945.

Was diesen Band von manchen früher veröffentlichten Bildersammlungen deutscher Kriegsschiffe unterscheidet, ist nicht nur die ausgesuchte Qualität seiner Fotos, sondern darüber hinaus seine Anlage und Gestaltung als eine kurzgefaßte, übersichtliche Darstellung des Seekrieges in Wort und Bild. Dabei stützt sich der Verfasser natürlich auf die von ihm erarbeiteten Ergebnisse und Erfahrungen, die in seinem letztjährigen Werk ausführlich dargestellt sind. Auch so gesehen stellt dieses Bildbuch eine Erweiterung und Ergänzung des Textbandes »Verdammte See« dar.

So geht es auf den folgenden Seiten zunächst um den Aufbau der Flotte aus dem Nichts heraus in den zwanziger Jahren; dann um die Konstruktion der Panzerschiffe, die in aller Welt Aufsehen erregte; um das Abstreifen der Beschränkungen des Versailler Vertrages und die bald wieder hochfliegenden

14 Jahre und vier Monate stand Dr. h. c. Erich Raeder, seit dem 1. April 1939 als Großadmiral, an der Spitze der deutschen Marine. Ihr Aufbau war sein Werk, er prägte besonders die Offiziere nach seinen Leitbildern. Raeder, Sohn eines Oberlehrers, wurde am 24. April 1876 geboren und trat mit 18 Jahren in die Kaiserliche Marine ein. Im Ersten Weltkrieg war er als 1. Admiralstabsoffizier die rechte Hand des Kreuzerführers v. Hipper, nach dem Umsturz 1918 Chef der Zentralabteilung der neuen Admiralität. Die Erfahrungen des im März 1920 gescheiterten Kapp-Lüttwitz-Putsches, in den Raeder wider Willen und eher ahnungslos verstrickt wurde, und den er selber einen »verbrecherischen Schritt« nannte, stärkten seine Überzeugung, gegenüber dem Staat und der gewählten Regierung unbedingte Loyalität zu wahren. Nicht zuletzt aus diesem Grunde wurde er am 1. Oktober 1928 als Nachfolger Admiral Zenkers zum Chef der Marineleitung berufen. Er blieb es auch unter Hitler - und trat als Oberbefehlshaber der Kriegsmarine erst zurück, nachdem der Staatschef der Marine zu Beginn des Kriegsjahres 1943 völliges Versagen vorgeworfen hatte.

Pläne neuer, deutscher Seerüstung, die 1939 im »Z-Plan« gipfelten – und wenige Monate später durch den Ausbruch des in der Tat unerwarteten Krieges durchkreuzt wurden.
Die Marine mußte mit einem Torso von Flotte gegen den alten, neuen Gegner England antreten. Statt aber in klarer Erkenntnis der Chancen alle Kraft auf den Ausbau der U-Bootwaffe zu konzentrieren, erwartete die Seekriegsleitung entscheidenden Erfolg eher vom Einsatz der Überwasser-Streitkräfte. Die kurze Blüte und der Zusammenbruch dieses »ozeanischen Zufuhrkrieges«, die Verlagerung des Schwerpunktes in das Nördliche Eismeer, der Verlust der großen Schiffe und der von den U-Booten geführten Schlacht um den Atlantik – das sind, entsprechend dem wirklichen Ablauf des Geschehens, weitere herausragende Abschnitte dieses Buches. Darüber wird der Kampf der zahlreichen Flotillen an den Küsten Europas nicht vergessen, bis hin zur Invasion 1944 und bis zur Flucht über die Ostsee 1945, der letzten großen Rettungstat der Marine im Kriege.

Aufbau im Frieden

1920: Der Erste Weltkrieg war verloren, das Kaiserreich zerbrochen, das Zweite Reich, die Republik von Weimar, hatte sich etabliert. Seltsam genug, die Siegermächte bestanden nicht auf einer völligen Entmilitarisierung, sondern sie billigten dem Reich eine 100000-Mann-Reichswehr zu, und in diesem Rahmen durfte es auch eine Marine mit 15000 längerdienenden Freiwilligen geben.
Freilich hatte der Friedensvertrag von Versailles dieser Marine enge Grenzen gezogen. Nach Artikel 181 durften ihre Kräfte nicht mehr betragen als sechs Panzerschiffe, sechs Kreuzer, zwölf Zerstörer, zwölf Torpedoboote oder eine gleiche Anzahl von Ersatzschiffen. Alle anderen noch vorhandenen Kriegsschiffe mußten in Reserve gelegt - oder zu Handelsschiffen umgebaut werden. Der »Bau oder Erwerb« von Unterseebooten war dem Reich ebenso untersagt wie der Besitz irgendwelcher Luftstreitkräfte.
Artikel 190 des Versailler Vertrages regelte auch den Ersatz der veralteten Schiffe. Außer bei Verlusten durften die Einheiten demnach erst nach einem Zeitraum von 20 Jahren für die Schlachtschiffe und Kreuzer und von 15 Jahren für die Zerstörer und Torpedoboote durch Neubauten ersetzt werden. Und wenn neugebaut wurde, durften die »Schlachtschiffe« keine größere Wasserverdrängung als 10000 Tonnen haben, die Kreuzer 6000 Tonnen, die »Zerstörer« 800 Tonnen und die Torpedoboote 200 Tonnen.
Für den Neubeginn der Reichsmarine brachte auch die Selbstversenkung der in Scapa Flow internierten deutschen Flotte eine zusätzliche Komplikation. Denn nun mußten fünf erst sechs bis acht Jahre alte und daher noch recht moderne 5000-Tonnen-Kreuzer als Schadenersatz an die Siegermächte abgeliefert werden.
Tatsächlich brachte die Marine zunächst einige kleine Kreuzer der um die Jahrhundertwende gebauten *Gazelle*-Klasse in Fahrt, ferner einige alte Torpedoboote und schließlich die Linienschiffs-Veteranen *Hannover* und *Braunschweig*, ab 1924 auch *Elsaß* und *Hessen* und später die notdürftig modernisierten *Schlesien* und *Schleswig-Holstein* (siehe Seite 14) - die einzigen ihrer Klasse, die auch den Zweiten Weltkrieg noch erleben sollten.
Alles Interesse freilich konzentrierte sich auf die ersten Neubauten, besonders auf den dritten Kreuzer mit dem Traditionsnamen *Emden*, der bereits 1921

Mit einem guten Dutzend alter Torpedoboote, sämtlich vor dem Ersten Weltkrieg gebaut, nahm die Reichsmarine 1920/21 den Dienst wieder auf. Hier T 157, das auch noch zwanzig Jahre später als Torpedofangboot in der Ostsee fuhr, bis es am 22. 10. 1943 in der Danziger Bucht auf eine Mine lief.

bewilligt und begonnen wurde, dessen Bau sich aber durch politische und finanzielle Schwierigkeiten verzögerte. Als die *Emden* schließlich am 7. Januar 1925 vom Stapel lief und noch im selben Jahr in Dienst gestellt wurde, war der erste Schritt für eine neue Marine getan. Mit ihren acht einzeln aufgestellten 15-cm-Geschützen lehnte sich die *Emden* noch stark an die letzten im Kriege gebauten kleinen Kreuzer an. Neue Geschütze - insbesondere in Doppel- oder Drillingstürmen - zu entwickeln, war der Marine anfangs noch untersagt. Später gelang es, dieses und andere Verbote zu lockern. So blieb die *Emden* auch als Typ ein Einzelschiff; die nächsten leichten Kreuzer der sogenannten K-Klasse wiesen zahlreiche Verbesserungen auf.
Ab 1925 entstanden dann auf den Helgen der Reichsmarinewerft Wilhelmshaven die ersten Torpedobootsneubauten, laut Versailles als »Zerstörer« eingestuft: die nach Vorschrift 800 ts, tatsächlich 930 ts verdrängenden Boote der Raubvogel- und Raubtierklasse. Auch hier knüpften die Schiffbauer an ihre mit den Kriegstorpedobooten gewonnenen Erfahrungen an. Gleichwohl bewährten sich die Boote - bis auf *Tiger,* der am 25. August 1939 in der Ostsee von dem Zerstörer *Max Schultz* gerammt wurde und sank - bei zahlreichen Aufgaben auch noch im Zweiten Weltkrieg ... bis hin zur »Invasionsabwehr« im Juni 1944: Die auf Le Havre an der Seinebucht gestützte 5. Torpedobootsflottille unter Korvettenkapitän Heinrich Hoffmann stieß mit den Booten

Fortsetzung auf Seite 12

Ein anderes Boot der ersten Stunde, T 111, *war aus dem 1913 auf der Germania-Werft in Kiel gebauten Torpedoboot* G 11 *hervorgegangen. Diese Boote verdrängten 570 ts, liefen 33 Knoten und waren mit zwei 8,8-cm-Kanonen sowie vier Torpedorohren bewaffnet. Sie wurden gegen Ende der zwanziger Jahre nach und nach von den neuen Booten der* Möwe-*Klasse ersetzt, blieben aber als Hilfsschiffe noch lange Jahre im Dienst.*

GR

WO

KO

Nach Raubvögeln und Raubtieren wurden die ersten zwölf Torpedobootsneubauten der Reichsmarine benannt: links Greif, Wolf *und* Kondor *im Manöver, oben* Falke *im Flottillenverband. Die Boote waren 930ts groß, liefen 33 Knoten, hatten 122 Mann Besatzung und waren, neben sechs Torpedorohren, mit drei 10,5-cm, einzelne auch mit drei 12,7-cm-Geschützen bewaffnet. Keine »Zerstörer«, gewiß, aber ein deutlicher Fortschritt gegenüber den alten Booten.*

Erster Neubau der Reichsmarine: der 1925 fertiggestellte leichte Kreuzer Emden, *der zur Erinnerung an den berühmten Auslandskreuzer im Ersten Weltkrieg am Bug ein Eisernes Kreuz trug. Die* Emden *- oben ihr endgültiges Aussehen - wurde hauptsächlich als Schulkreuzer verwendet und trug zahlreiche Kadetten auf Auslandsreisen um die ganze Welt.*

Fortsetzung von Seite 9

Möwe, Falke und *Jaguar* gegen die gewaltige Invasionsflotte vor. Die Alliierten antworteten mit einem vernichtenden Bombenangriff auf Le Havre, bei dem die letzten Boote der Raubtier- und Raubvogelklasse in den Grund gebohrt wurden.

Die ersten von Grund auf neu konstruierten Schiffe der Reichsmarine folgten in den Jahren 1926 bis 1930 mit den drei K-Kreuzern *Königsberg, Karlsruhe* und *Köln.* Sie verdrängten 6650 ts, erhielten erstmalig eine zentrale Feuerleitung für die in Drillingstürmen aufgestellten neun 15-cm-Geschütze und galten auch wegen ihrer Maschinenanlage als der Welt modernste leichte Kreuzer: Neben den Turbinen für alle Kraft besaßen sie zwei Treiböl sparende Dieselmotoren für normale Marschfahrt. Hier zeichnete sich eine Entwicklung ab, die bald in einem anderen Schiffstyp der jungen Reichsmarine weltweites Aufsehen erregen sollte.

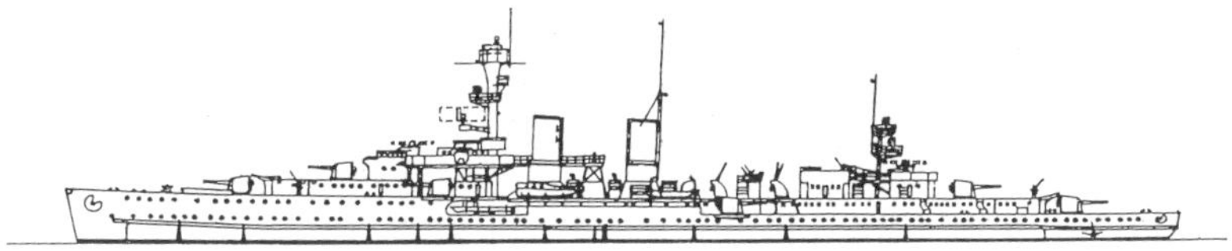

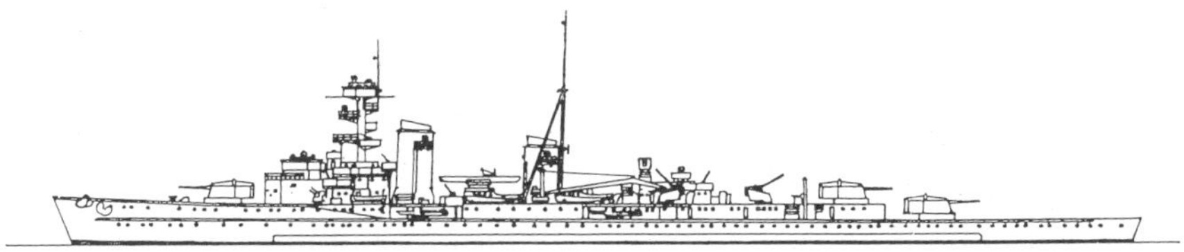

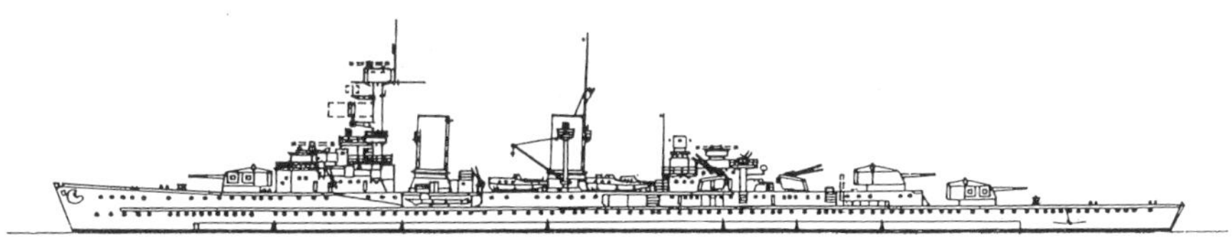

Die Emden *besaß, um ihre Fertigstellung zu beschleunigen, noch acht 15-cm in Einzellafeiten. Standardverdrängung 5600ts, zwei BBC-Getriebeturbinen erzeugten 46500PS und gaben dem Kreuzer eine Geschwindigkeit von 29kn, Besatzung 636 Mann. Außer Flak waren noch vier Torpedorohre an Bord.*

Wesentliche Verbesserungen brachten die 1927 und 1928 vom Stapel laufenden drei K-Kreuzer, Karlsruhe *(mittlere Skizze),* Köln *und* Königsberg *(unten). Ihre Abmessungen: 6650ts, 174m lang, 15,3m breit und 5,6m Tiefgang. Zwei Turbinen mit 65000PS, ferner zwei Marschdiesel mit 1800PS, Höchstgeschwindigkeit 32kn. Waffen: neun 15-cm in Drillingstürmen, sechs 8,8-cm-Flak, acht 3,7-cm-Flak, alle in Doppellafetten, verschiedene 2-cm, zwölf Torpedorohre, ein Katapult, zwei Flugzeuge.*

Unten das Typschiff, die Königsberg, *die bereits bei der Besetzung Norwegens am 10. April 1940 von britischen Sturzbombern im Hafen von Bergen versenkt wurde.*

Ersatz Preußen: die Panzerschiffe

Kreuzer und Torpedoboote mochten mit den Beschränkungen, die der Vertrag von Versailles auferlegte, noch gebaut werden können. Wie aber sah es mit dem Ersatz für die völlig veralteten Großkampfschiffe aus? Ende der zwanziger Jahre fuhr die Reichsmarine immer noch mit den Linienschiffs-Veteranen der *Deutschland*-Klasse aus den Jahren 1903 bis 1908 zur See, die weder in ihrer Panzerung und Geschwindigkeit, noch mit ihrer Artillerie den Anforderungen an ein modernes Großkampfschiff genügen konnten. Für sich selbst hatten die Seemächte Großbritannien, Frankreich, Italien, Japan und die USA im Flottenvertrag von Washington 1922 die Größe der »Capital Ships« auf 35 000 ts und ihre schwere Artillerie auf ein Kaliber von 40,6 cm begrenzt. Für das Deutsche Reich aber galt bekanntlich, daß Ersatzbauten für »Schlachtschiffe« eine Tonnage von 10 000 ts nicht überschreiten durften. Die Absicht lag klar auf der Hand: Diese deutsche Flotte mochte einen begrenzten Küstenschutz erfüllen, aber die Seemächte würden nichts mehr von ihr zu befürchten haben.

Doch von den Reißbrettern der deutschen Marinekonstrukteure kamen erstaunliche Entwürfe. Im Grunde gab es für den »Ersatz (des Linienschiffs) Preußen« folgende Alternative: Entweder wurde ein langsamer Küstenpanzer gebaut, der gegen Beschuß von Land stark geschützt war und zum Beispiel den Seeverkehr mit der durch Polen abgeschnittenen Ostprovinz des Reiches dekken konnte; oder man versuchte einen im Kriegsschiffbau ganz neuen Weg,

ein Schiff etwa auf der Mitte zwischen Kreuzer und Schlachtschiff, nicht so schnell wie die Kreuzer der Seemächte, aber besser geschützt und stärker armiert, nicht so stark wie die Schlachtschiffe, aber schneller als sie, so daß es einem Gefecht mit überlegenem Gegner aus dem Wege gehen konnte.
Hier zeichnete sich bereits ein gelungener Wurf ab: Ein Schiff, nicht größer als der sogenannte Washington-Kreuzer, der schwere Kreuzer von 10000 ts mit 20,3-cm-Geschützen, den nun alle Seemächte bauten, ein Schiff, das dennoch gerade diesen Washington-Kreuzer nicht zu fürchten hatte, weil es ihm mit seinen schwereren und weiter reichenden 28-cm-Granaten gefährlich wurde, während umgekehrt es selbst durch seinen Panzer gegen die leichteren 20,3 cm besser gewappnet war.
Dennoch wandte sich in der deutschen Marine gerade der Mann gegen die Konzeption dieses »Panzerschiffs«, der es später, im Kriege, für seine eigene Seestrategie dringend benötigte: Admiral Erich Raeder. Damals, als Chef der Marinestation der Ostsee, gab er dem langsamen Küstenpanzer den Vorzug, der gewiß auch besser für eine reine Ostseekriegführung - etwa gegen Rußland oder Polen - geeignet gewesen wäre. An einen neuen, weltweiten Seekrieg wagte Ende der zwanziger Jahre niemand zu denken. Dennoch entschied sich die Marineleitung für das Panzerschiff mit den erstaunlichen Eigenschaften. Als Raeder selber am 1. Oktober 1928 das höchste Amt der Marine in Berlin antrat, änderte er auch nichts mehr daran. Er focht den Entwurf gegen starke Widerstände im Reichstag durch, und bald erfuhr die Welt von dem, was die deutschen Kriegsschiffbauer da ausgeheckt hatten - und hielt den Atem an.
Wie sehr Aufregung und Beschwichtigung, Furcht und Anerkennung, ja uneingeschränkte Bewunderung die Gemüter der Navy-Experten bewegten, soll eine kleine Auswahl von Stimmen aus dem Jahre 1930 zeigen. So hieß es am 9. Januar 1930 in dem Fachblatt »Shipbuilding and Shipping Record«: »Ersatz

Als erster Neubau zum Ersatz der Linienschiffsveteranen - linke Seite die 1908 gebaute Schlesien *- lief das Panzerschiff A, die* Deutschland, *am 19. Mai 1931 vom Stapel und wurde am 1. April 1933 in Dienst gestellt. Der Schiffstyp, als Folge der im Versailler Vertrag festgelegten Beschränkungen ‚für die deutsche Marine konstruiert, erregte durch seine Eigenschaften weltweites Aufsehen: Theoretisch war er stärker als schnellere und schneller als stärkere Schiffe irgendeines Gegners zur See.*

Über die Toppen beflaggt und in Paradeaufstellung: das zweite Panzerschiff Admiral Scheer *vor dem Typschiff* Deutschland. *Nicht nur die sechs 28-cm-Geschütze, auch ihr massives Aussehen trug den Panzerschiffen in aller Welt den halb spöttischen, halb bewundernden Namen pocket-battleships ein: Taschen-Schlachtschiffe.*

Preußen erscheint uns, je mehr wir uns in seinen Entwurf vertiefen, als ein epochemachendes Schiff. Die 10000-ts-Washingtonkreuzer, deren Wert schon verschiedentlich bezweifelt worden ist, werden angesichts des deutschen 10000-ts-Panzerschiffes geradezu sinnwidrig.«

Im »Naval and Military Record« vom 8. Januar 1930 wurde »Ersatz *Preußen*« gar als Schrittmacher für die Verkleinerung der Linienschiffe gepriesen. Die deutsche Konstruktion stelle »in strategischer und taktischer Hinsicht einen Faktor dar, der unmöglich unbeachtet gelassen werden kann. Deutschland hat der Welt klar bewiesen, daß die gewaltige Steigerung der Größe der Schlachtschiffe völlig überflüssig geworden ist (!) und in keinem Verhältnis zu dem erzielten Kampfwert steht.«

In derselben Zeitschrift äußerte Sir Herbert Russell am 22. Januar 1930: »Der neue deutsche Typ scheint mir das Schlachtschiff der Zukunft darzustellen, ein Schiff dieser Art würde mit den Eigenschaften eines Schlachtschiffes die Möglichkeit der Verwendung als Kreuzer verbinden. Das ist notwendig, denn vom Schlachtschiff der Zukunft muß man eine möglichst umfassende Verwendungsfähigkeit fordern.«

Immer wieder wurde der deutsche Typ mit dem gleich großen schweren Kreuzer der anderen Seemächte verglichen. So hieß es im Maiheft der »US Naval Institute Proceedings«: »Ersatz *Preußen* ist mit seinen sechs 28-cm- und acht 15-cm-Geschützen sowie seinem reichlichen Schutz gegen 20,3-cm-Granaten mit Fug und Recht als das stärkste je gebaute 10000-ts-Kriegsschiff gepriesen worden. Es kann zwar den gegenwärtigen Typ des Vertragskreuzers nicht ersetzen, ist aber imstande, ihn niederzukämpfen, wenn dieser durch die Umstände zum Kampf gezwungen wird ... Die Deutschen haben mit Aufgaben

Admiral Scheer, *im November 1934 in Dienst gestellt, hatte im Kriege den größten Erfolg dieser Schiffsklasse.*

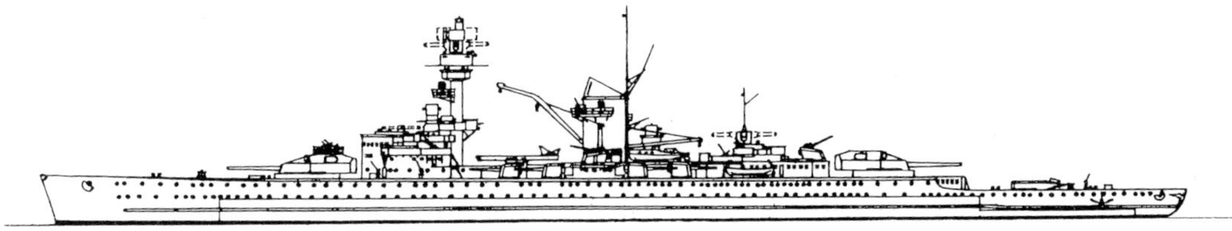

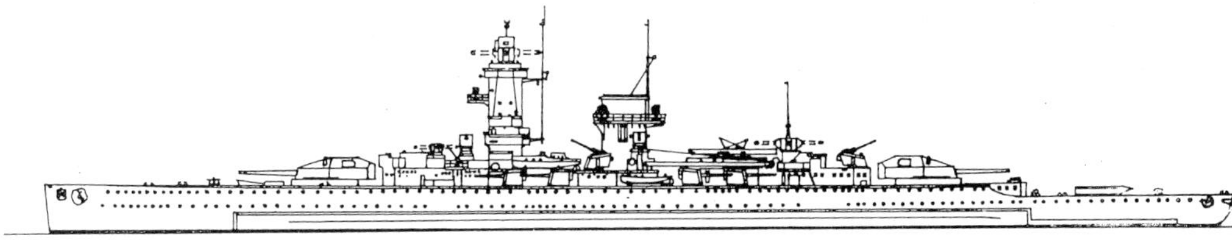

zu rechnen, die von unseren grundsätzlich verschieden sind und denen sie mit ihrer neuesten Schöpfung in bewundernswerter Weise gerecht geworden sind.«
Bald rief man, besonders in Paris, nach einem Gegengewicht. So hieß es am 5. September 1930 im Pariser »Temps«: »Deutschland hat ein in technischer Beziehung erstklassiges Panzerschiff in Angriff genommen. Zu voreilig hat man von einer Abschaffung der Panzerschiffe gesprochen. Die Siegerstaaten sind geneigt, wenn nicht gezwungen, dem Beispiel Deutschlands zu folgen.«
Die französische Antwort war denn auch der Bau der beiden Schlachtkreuzer *Dunkerque* und *Strasbourg,* die stärker und schneller als die deutschen Panzerschiffe waren - Eigenschaften, die ansonsten (und wohlbemerkt auf dem Papier) nur die britischen Schlachtkreuzer *Hood, Repulse* und *Renown* besaßen.
Im übrigen urteilten die Engländer gelassener. Selbst wenn fünf weitere, noch so glänzend konstruierte Panzerschiffe gebaut werden sollten, hieß es in der »Times« vom 19. Februar 1930, werde die deutsche Flotte jeder der am Londoner Vertrag beteiligten Seemächte weit unterlegen bleiben. Und das traf den Nagel auf den Kopf.
Das Berliner Tirpitzufer reagierte teils geschmeichelt, teils belustigt auf die Reaktion der Seemächte. »Das Panzerschiff A«, heißt es in einer internen Stellungnahme, »ist angeblich den Mächten des Washingtonabkommens in gewisser Weise unbequem, da es nach Ansicht dieser Mächte einen neuen Schiffstyp darstellen soll, der ganz aus dem Rahmen der festgelegten Schiffskategorien herausfällt...« Vorwürfe seien jedoch ungerechtfertigt, denn: »Unser Panzerschiff hält sich genau an die Bestimmungen des Versailler Vertrages. Diese Bestimmungen sind nicht von uns gewählt, nicht einmal unter unserer Mitwirkung zustande gekommen, sondern uns eben von den Mächten aufgezwungen, die sich nunmehr so aufgeregt über das Produkt dieser Bestimmungen gebärden. Zu diesen Bestimmungen sagt die Präambel zu Teil V des Vertrages, daß Deutschland sich zu verpflichten habe, sie genau innezuhalten, »um die Einleitung einer allgemeinen Rüstungsbeschränkung aller Nationen zu ermöglichen«... Deutschland hat bewiesen, was man alles aus einem 10000-t-Schiff an Kampfkraft herausholen kann; damit dürfte es eher zum Schrittmacher in der Abrüstung als zu einem Hindernis für dieselbe geworden sein...«

Panzerschiff Deutschland *(obere Skizze), gebaut 1929-1933 bei den Deutschen Werken Kiel, 11700 ts, 188 m lang, 20,7 m breit und 5,8 m Tiefgang. Acht Dieselmotoren erzeugten 54000 PS für eine Höchstgeschwindigkeit von 26 kn. Die Fahrstrecke lag selbst bei hoher Marschfahrt bei 10000 Seemeilen, bei geringerer Geschwindigkeit war der Aktionsradius noch größer. Waffen: Sechs 28-cm-Geschütze in Drillingstürmen, acht 15-cm, sechs 10,5-cm-Flak und acht 3,7-cm-Flak in Doppellafetten, zahlreiche 2-cm-Flak, acht Torpedorohre, zwei Flugzeuge.*

Admiral Graf Spee *(untere Skizze) und der bis zu seinem Umbau sehr ähnliche* Admiral Scheer *verdrängten je 12100 ts, hatten geringfügig andere Maße und Leistungen, besaßen jedoch die gleiche Bewaffnung.*

So (linke Seite) sahen die drei Panzerschiffe im März 1939 beim Memeleinsatz aus. Im ersten Kriegswinter wurde Admiral Scheer *(Mitte) umgebaut. Statt des mächtigen Gefechtsturms erhielt er einen schlankeren Gefechtsmast.*

Leichte Kreuzer Leipzig und Nürnberg

»Die deutschen 6000-ts-Kreuzer sind ein schlagender Beweis dafür, daß die Deutschen es verstehen, aus einer vorgeschriebenen Wasserverdrängung den äußersten Kampfwert herauszuholen«, urteilten britische Marineexperten in den dreißiger Jahren. Bei Kriegsbeginn wurde die Leipzig *(unten) von einem britischen U-Boottorpedo so schwer getroffen, daß sie fortan nur noch als Schulschiff eingesetzt werden konnte.*

Die beiden letzten in Deutschland gebauten leichten Kreuzer, *Leipzig* und *Nürnberg,* 1931 und 1935 in Dienst gestellt, unterschieden sich schon äußerlich von ihren Vorgängern, den K-Kreuzern, weil sie nur einen Schornstein besaßen und die beiden achteren 15-cm-Drillingstürme mittschiffs hintereinander aufgestellt waren. Wesentlich verbessert wurde die Motorenanlage: Vier MAN-Zweitaktdiesel erzeugten 12 400 PS, die auf eine eigene, dritte Schraube wirkten und den Kreuzern unabhängig von ihren Turbinenanlagen eine Marschfahrt von 18 Knoten verliehen. *Leipzig* und *Nürnberg* gehörten zum Verband der Aufklärungsstreitkräfte. Am 13. Dezember 1939 liefen sie unter ihrem Befehlshaber, Konteradmiral Günther Lütjens, zusammen mit dem Kreuzer *Köln* in die mittlere Nordsee aus. Ihre Aufgabe war umstritten: Sie sollten fünf Zerstörer, die von einer nächtlichen Minenunternehmung vor der englischen Küste zurückkehrten, aufnehmen und auf dem Heimweg schützen. Die Kreuzer liefen jedoch dem britischen U-Boot *Salmon* vor die Rohre. Um 11.24 Uhr wurde die *Leipzig,* drei Minuten später auch die *Nürnberg* von Torpedos getroffen. Die eintreffenden Zerstörer schützten nun die Kreuzer gegen weitere Angriffe. Beide Schiffe erreichten den Hafen und wurden repariert. Die *Leipzig* war freilich so schwer getroffen, daß sie nur noch als Schulschiff verwendet wurde.

Beide Kreuzer erlebten das Kriegsende, obwohl die *Leipzig* im Oktober 1944 von dem schweren Kreuzer *Prinz Eugen* bei Nebel in der Danziger Bucht mittschiffs gerammt wurde (siehe Seite 188). Die *Nürnberg* wurde Anfang Januar 1946 nach Libau übergeführt und fuhr noch bis 1961 als *Admiral Makarow* unter sowjetischer Flagge.

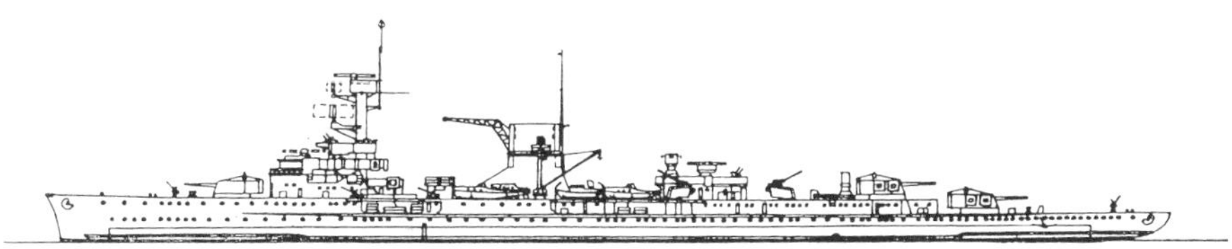

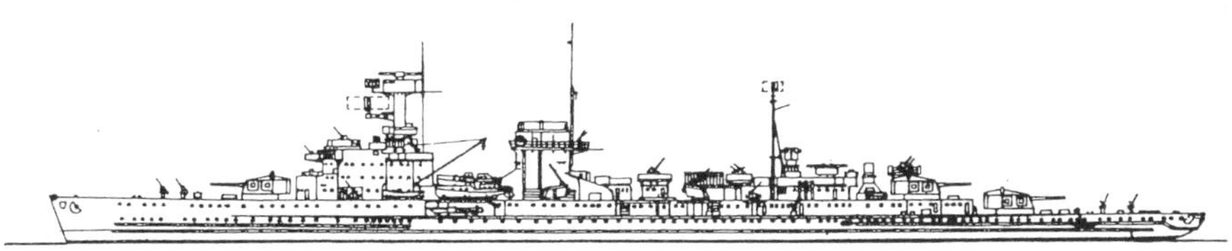

Die Nürnberg, *der jüngste und modernste 6000-Tonnen-Kreuzer der Kriegsmarine, erfüllte im Laufe des Krieges zahlreiche Geleitsicherungs- und Minenaufgaben und wurde nach der Kapitulation an die Sowjetunion abgeliefert.*
Die beiden leichten Kreuzer Leipzig *6515 ts, 177 m lang, Besatzung 850 Mann - und* Nürnberg *- 6520 ts, 181 m lang, 900 Mann - verfügten außer den Dieselmotoren über Turbinen von 60 000 PS für 32 kn Höchstfahrt. Waffen: neun 15-cm in Drillingstürmen, sechs bis acht 8,8-cm-Flak, acht 3,7-cm- und eine wachsende Zahl von 2-cm-Flak, zwölf Torpedorohre, die im Kriegsverlauf jedoch verringert, bei* Leipzig *ganz entfernt wurden, ferner zwei Bordflugzeuge.*

»Große Wäsche« auf Kreuzer Köln: *Sämtliche Signalflaggen sind zum Trocknen buchstäblich »an die Leine gehängt«. Auch der vordere Schornstein braucht dringend neue Farbe und wird »gepönt«.*

Leichter Kreuzer Königsberg *vor der Felsenkulisse eines norwegischen Fjordes. Die Kreuzer dienten, neben vielen anderen Aufgaben, der Ausbildung des Nachwuchses der Kriegsmarine. Dazu gehörte auch die traditionelle Auslandsreise.*

Höhepunkt in der Ausbildung der jungen Offizieranwärter war die Weltreise an Bord eines Schulschiffes. Hier verläßt der Kreuzer Karlsruhe *die Kieler Förde, noch mit der alten Kriegsflagge am Heck. Das Segelschulschiff* Gorch Fock *geleitet den Auslandskreuzer in die Ostsee hinaus. Die Weltreise wird um das Kap der guten Hoffnung herum nach Ostasien führen, nach Sumatra, Hongkong und Japan. Auf Heimatkurs passiert die* Karlsruhe *den Panamakanal und trifft schließlich neun Monate nach ihrer Ausreise wieder in Kiel ein.*

Die neue Zerstörerwaffe

Z1 Leberecht Maaß *(rechte Seite, oben) und* Z16 Friedrich Eckoldt *(darunter) waren erstes und letztes Boot des Zerstörertyps 1934.* Z21 Wilhelm Heidkamp *(unten) war Führerzerstörer des F.d.Z., Kommodore Bonte, und gehörte ebenso wie* Z20 Karl Galster *(unten rechts) zum Typ 1936. Alle vor dem Kriege gebauten Zerstörer besaßen fünf 12,7-cm-Geschütze, ferner Fla-Waffen, acht Torpedorohre und waren für das Werfen von 60 Minen eingerichtet.*

Nach den Bestimmungen des Versailler Vertrages durften die deutschen »Zerstörer« nicht größer als 800 ts sein. Doch die unter diesem Vorzeichen entstandenen zwölf Boote mit den Vogel- und Raubtiernamen waren und blieben reinrassige Torpedoboote. So konnte es nicht verwundern, daß Anfang der dreißiger Jahre der Wunsch aufkam, größere Zerstörer zu bauen, wie sie die meisten anderen Mächte besaßen. Zunächst war an eine Größe von rund 1600 ts gedacht. Doch als der erste Zerstörer 1934/35 im Baudock der Deutschen Werke Kiel heranwuchs, wurde er mit 2232 ts fast so groß wie ein kleiner Kreuzer vor dem Ersten Weltkrieg.

Erfahrene Seeleute bemängelten sogleich, daß die Konstrukteure dem Zerstörertyp 1934 eine viel zu kurze Back gegeben hatten. Tatsächlich bewiesen die Probefahrten, daß *Z1 Leberecht Maaß* schon in der Ostsee bei mittlerem Seegang so viel Wasser übernahm, daß das vordere Geschütz nicht bedient werden konnte und selbst die Männer auf der Brücke völlig durchnäßt wurden. Trotz späteren Umbaus blieb es ein Hauptproblem, daß die deutschen Zerstörer als nicht ausreichend seetüchtig bezeichnet werden mußten.

Andere Sorgen bereiteten die Heißdampfanlagen: Zwei Turbinen, die aus sechs Wasserrohrkesseln mit 70 atü, beim Typ 1934 a sogar mit 110 atü Hochdruckdampf gespeist wurden. Es kam zu zahlreichen Rohrreißern und anderen »Kinderkrankheiten«, die besonders für die Einsatzfahrten der Zerstörer ein erhöhtes Risiko bedeuteten. Freilich leisteten die Turbinen auch 70 000 PS und machten die Boote, unter günstigen Bedingungen, 38 Knoten schnell.

Bis zum September 1939 wurden 22 Zerstörer in Dienst gestellt. Und gerade diese mit vielen Handicaps versehene Zerstörerwaffe fuhr im ersten Kriegswinter geheime Einsätze, die der Gegner für unmöglich hielt: Sie legten in dunklen Nächten Minensperren in die Flußmündungen und auf den Schifffahrtsweg dicht vor der englischen Ostküste. So liefen zahlreiche Schiffe auf Minen und sanken, ohne daß die Royal Navy die Ursache dieser Gefahr erkannte.

32

42

Unter Wasser ganz von vorn

Ganz von vorn, so schien es, mußte die deutsche Marine mit den Unterseebooten beginnen, als Hitler am 16. März 1935 die sogenannte »Wehrhoheit« verkündete, sich nicht mehr an das Verbot jeden Besitzes von U-Booten hielt und ein Vierteljahr darauf im deutsch-englischen Flottenvertrag erreichte, daß Deutschland bis zum Umfang von 45 Prozent der britischen Unterseeboottonnage selber U-Boote bauen durfte. Aber schon die Marineleitung zu Zeiten der Zweiten Republik hatte stets gehofft, daß dieser Tag kommen werde, und sie hatte entsprechend vorgesorgt. Die deutschen Konstrukteure sollten das U-Boot-Bauen nicht ganz verlernen, und so förderte die Marine ein von Deutschen betriebenes, privates Konstruktionsbüro auf holländischem Boden, das auch bald die ersten Aufträge hereinholte.

Nach deutschen Plänen, aber auf holländischen, spanischen und finnischen Werften wurden verschiedene U-Boote gebaut, so auch die kleine finnische *Vesikko* und die große türkische *Gür,* deren Konstruktionszeichnungen rasch zur Hand waren, als es hieß, eine neue deutsche U-Bootwaffe aus dem Boden zu stampfen. Besonders die finnische *Vesikko* hatte bald zahlreiche Nachfahren, denn aus ihr wurde der deutsche U-Boottyp II entwickelt, von dem, nach geheimer Vorfabrikation, in wenig mehr als zwölf Monaten 24 Boote zusammengebaut und bis zum Herbst 1936 in Dienst gestellt wurden. Dies waren kleine Küsten-U-Boote von wenig mehr als 250 Tonnen Wasserverdrängung, von den 25 Mann Besatzung »Einbäume« genannt. Sie hatten nur drei Torpedorohre, konnten nach dem Schuß einmal nachladen und eigneten sich auch durch ihre geringe Seeausdauer nicht für größere Unternehmungen.

Doch es waren diese kleinen Boote, mit denen der neuernannte Führer der U-Boote, Kapitän zur See Karl Dönitz, die Schulung der Besatzungen auf-

Die ersten »Einbäume«, U 1 *bis* U 6, *wurden 1935 in Rekordzeit gebaut, ebenso ihre Nachfolger,* U 7 *bis* U 23, *die fast die doppelte Menge Dieselöl mitnehmen und daher länger in See bleiben konnten. Die nur 254 bzw. 279 t großen Boote der Typen IIA und IIB eigneten sich wegen ihres geringen Aktionsradius nur für den Einsatz in Küstengewässern und Randmeeren. Sie fuhren daher ab 1940 hauptsächlich als Schulboote für die Ausbildung neuer U-Bootfahrer.*

nahm und die Grundlagen der späteren Rudeltaktik erarbeitete, die nur sechs Jahre später der erbitterten Schlacht um den Atlantik ihren Stempel aufdrückte. Dönitz war davon überzeugt, daß England in einem neuen Kriege seine Handelsschiffe nicht schutzlos Angriffen aussetzen, sondern sie in stark geschützten Konvois fahren lassen würde. Gegen dieses System sah er nur eine Möglichkeit zum Erfolg: der Konzentration feindlicher Schiffe im Konvoi eine Konzentration eigener U-Boote am Konvoi entgegenzusetzen.
Bald stellte sich heraus, daß der bestgeeignete Typ für diesen sich über weite Seeräume hinziehenden Geleitzugkampf ein mittelgroßes U-Boot war, von hoher Ausdauer und doch wendig genug für die rasch wechselnden Lagen im eigentlichen Kampf. Dieser Typ VII war ebenfalls vorhanden, er wurde aber in viel zu geringen Stückzahlen gebaut, und trotz aller Eingaben und Vorstellungen des Führers der U-Boote beharrte das Oberkommando der Kriegsmarine darauf, daß auch sehr große, aufwendige U-Boote für einen Einsatz in Übersee zu einer ausgewogenen Flotte gehörten.
Als im September 1939 der Krieg ausbrach, verfügte die deutsche Marine zwar über 57 fertige U-Boote, von denen jedoch nur 26 überhaupt für einen Atlantik-Einsatz gegen den alten, neuen Gegner England in Frage kamen. Die Erkenntnis unzureichender Rüstung überschattete alle Einzelerfolge der U-Boote in den ersten Kriegsjahren. Als die Lücke sich schloß, war es zu spät; denn nun hatte auch der Gegner seine Abwehr formiert und wußte sich gegen den Angriff auf seine Lebensadern zu wehren.

Einzelgänger blieben die beiden 862 t großen U 25 und U 26, deren Typ I aus einem nach deutschen Plänen in Spanien gebauten Boot, der späteren türkischen Gür, *entwickelt worden war. Eine andere U-Bootkonstruktion, der Typ VII, besaß bessere Eigenschaften für den Atlantikkampf.* U 26 *wurde am 1. Juli 1940 durch britische Wasserbomben vernichtet,* U 25 *ging einen Monat später durch Minenexplosion verloren.*

Auf diesem U-Boottyp VII ruhte die Hauptlast der Schlacht um den Atlantik. Das Boot war aus einer bewährten Konstruktion des Ersten Weltkrieges, dem Typ UB III, weiterentwickelt worden und wurde auch nach 1939 ständig verbessert. Von dem Vorkriegstyp VII A (Bild links) mit 626 t bis zum bewährten Typ VII C mit 761 t baute die Kriegsmarine insgesamt 691 Boote. Sie besaßen fünf Torpedorohre und eine im Kriegsverlauf wechselnde Bewaffnung gegen Seeziele und zur Luftabwehr.

Paraden vor dem Oberbefehlshaber der Kriegsmarine wurden von den jungen Offizieren der U-Bootwaffe meist mit sarkastischen Randbemerkungen versehen. Denn ihre Meinung über das beste U-Boot-Bauprogramm wurde beim OKM in Berlin nicht geteilt. Im September 1939 konnte nur eine Handvoll Boote den Kampf gegen England aufnehmen.

Die Marineflieger

In den dreißiger Jahren erkannte die Marine die Notwendigkeit, eine eigene Seeluftwaffe aufzubauen. Doch Görings Devise »Alles, was fliegt, gehört mir« durchkreuzte diese Pläne. Die Seeflieger blieben das Stiefkind der Luftwaffe, von dem Trend zu stärkeren und schnelleren Maschinen blieben sie weitgehend ausgeschlossen. Rechts das Flugboot Do 18, *ein langsamer und verwundbarer Seefernaufklärer; darunter die* He 115, *u.a. als Torpedoflugzeug gegen Schiffsziele eingesetzt, war ebenfalls feindlichen Jägern deutlich unterlegen.*

Schwimmerflugzeuge und Flugboote, wie sie zum größten Teil von der deutschen Luftwaffe über See geflogen wurden, waren schwerfälliger und daher meist dem über See eingesetzten Landflugzeug nicht gewachsen. Hier der alte »Seekampfdoppeldecker« Heinkel He 59, *der schon im spanischen Bürgerkrieg flog (links) und später als Minenleger und Rettungsflugzeug eingesetzt wurde. Unten der Nahaufklärer* He 60 *in der Holtenauer Staffel und als Bordflugzeug vor Kreuzer* Nürnberg.

Schlachtschiffe Gneisenau und Scharnhorst

Die Gneisenau, *von den Deutschen Werken Kiel gebaut, diente bis 1941 als Flottenflaggschiff und führte, meist zusammen mit ihrem Schwesterschiff* Scharnhorst, *eine Reihe kühner Unternehmen durch. Typisch ihr Ende: 1942, nach geglücktem Durchbruch in die Heimat, setzte ein schwerer Bombentreffer sie außer Gefecht.*

»Sprechen Sie immer nur von verbesserten 10000-Tonnen-Schiffen, auf keinen Fall aber von 26000 Tonnen«, befahl Reichskanzler Hitler seinem Marinechef Raeder in einer Besprechung im Juni 1934. Dabei handelte es sich um die weiteren nach dem Typ des Panzerschiffs *Deutschland* auf Stapel gelegten Neubauten D und E, die nun heimlich während des Baues erheblich vergrößert wurden. Beide Schiffe erhielten vor allem einen sehr viel stärkeren Panzerschutz. Die Maschinenanlage wurde wieder auf Turbinen umgestellt, da die für den *Deutschland*-Typ entwickelten Dieselmotoren für dreimal so schwere Schiffe nicht genug leisteten.
Tatsächlich erreichten die *Gneisenau* und die *Scharnhorst*, obwohl auch später stets nur von 26000 ts gesprochen wurde, eine Standard-Wasserverdrängung von 31850 ts. Sie wären auch nach internationalem Maßstab vollgültige Schlachtschiffe gewesen, wenn nicht gerade ihre schwere Artillerie bei dem unzureichenden Kaliber von 28 cm belassen worden wäre. Doch hätte die Umrüstung auf 38-cm-Geschütze die Fertigstellung um weitere zwei Jahre verzögert, was die Marine angesichts der sich verschlechternden Lage in der zweiten Hälfte der dreißiger Jahre nicht in Kauf nehmen wollte. So entstanden schnelle und moderne Schiffe, Schlachtkreuzern ähnlich, die jedoch durch artilleristische Unterlegenheit gegnerischen schweren Streitkräften letztlich nicht gewachsen waren.

Die Scharnhorst, *entstanden auf der Marinewerft Wilhelmshaven, galt lange Zeit als das »glückhafte Schiff« der Kriegsmarine, bis auch sie Ende 1943 einem in Technik und Taktik überlegenen Gegner erlag.*
Die 235 m langen und 30,5 m breiten Schlachtschiffe erreichten mit ihren 160000 PS eine Höchstfahrt von 31,5 Knoten. Neben neun 28-cm-Geschützen in Drillingstürmen besaßen sie eine Mittelartillerie von zwölf 15-cm in Doppeltürmen und zahlreiche schwere und leichte Flak: vierzehn 10,5-cm, sechzehn 3,7-cm und bis zu 28 Zweizentimeter. Auf den Katapulten der Scharnhorst *(oben) stehen zwei* Arado 196, *insgesamt waren vier Flugzeuge an Bord. Die Schiffe fuhren im Einsatz mit rund 1900 Mann Besatzung.*

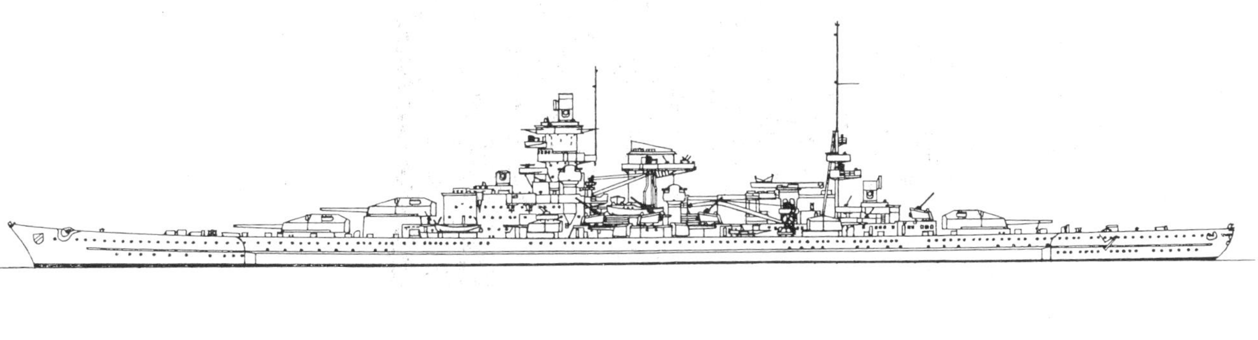

Das Abenteuer Z-Plan

»Wenigstens von einem Land der Welt haben wir nun kein Wettrüsten zu befürchten«, meinte der Earl of Beatty, Admiral of the Fleet und britischer Flottenführer im Ersten Weltkrieg, am 26. Juni 1935 im britischen Oberhaus. Dieses eine Land war Deutschland, und der Lord fügte hinzu, man müsse den Deutschen dafür wirklich dankbar sein. Eine Woche zuvor, am 18. Juni, hatten Großbritanniens Außenminister Sir Samuel Hoare und der deutsche Sonderbotschafter Joachim v. Ribbentrop in London den deutsch-englischen Flottenvertrag unterzeichnet. Das Deutsche Reich hatte die Verpflichtung übernommen, seine Marinerüstung auf 35 Prozent der gesamten Flotte Großbritanniens und des Commonwealth zu begrenzen. Die 35 Prozent galten auch für die einzelnen Schiffskategorien, also für Schlachtschiffe, Kreuzer, Flugzeugträger, Zerstörer und so weiter. Eine Ausnahme nur für Unterseeboote: Hier durfte Deutschland 45 Prozent der britischen Tonnage bauen, und es durfte zu gegebener Zeit den begründeten Antrag stellen, die eigene U-Bootwaffe ebenso stark zu machen wie die britische. Der deutsche Erfolg war offensichtlich: Bisher hatte man nur heimlich die Rüstungsbeschränkungen des Vertrages von Versailles umgangen; jetzt wurde diese Haltung legalisiert. Zum erstenmal hatte ein ehemaliger Feindstaat in einem zweiseitigen Vertrag einer deutschen Marinerüstung zugestimmt, hatte Versailles mit einem Federstrich zu den Akten gelegt.

Die 35-Prozent-Klausel bedeutete aber auch verbriefte Sicherheit für Großbritannien, daß es nicht wieder zu einer Flottenrivalität und zu einem Wettrüsten wie am Anfang des Jahrhunderts kommen werde. Sie bedeutete, daß Berlin Londons Seeinteressen anerkannte, daß es die britische Vorherrschaft auf dem Meer als gegeben und unantastbar hinnahm. Da die deutsche Marine nur mehr ein gutes Drittel der Royal Navy erreichen durfte und zudem die ungünstigere geographische Lage zum offenen Meer zu berücksichtigen hatte, erschien es absurd, sich England noch einmal als Gegner zur See vorzustellen. Tatsächlich hat die deutsche Marine den Flottenvertrag in den folgenden Jahren durchaus ernst genommen und ihn als »Basis für eine dauernde Verständigung mit England« angesehen, wie es der damalige Chef des Marinekommandoamtes, Konteradmiral Günther Guse, formulierte. Raeder ging noch weiter. Er erließ ein ausdrückliches Verbot, sich auch nur in einer theoretischen Studie oder einem Planspiel mit England als Gegner zu beschäftigen. Hitler hatte schon 1933 versichert, er wolle mit England, Italien und Japan niemals Krieg haben. Gegenüber seinem Marinechef bekräftigte er diese Versicherung immer aufs Neue. Getreu seinem persönlichen Dogma vom Primat der Politik vertraute der Oberbefehlshaber der Marine auf Hitlers Wort. »Es war die Tragik meines Lebens«, schrieb der Großadmiral später, »daß die Entwicklung einen anderen Weg genommen hat.«

★

Eine realistischere Einschätzung der vom Dritten Reich betriebenen Politik und ihrer Folgen setzte sich in der Marine erst im Sommer 1938 durch. Wieder war es Hitler, der Ende Mai, auf dem Höhepunkt der ersten Krise zwischen Berlin und Prag, Raeder zu sich rief und ihm eröffnete, es sei auf die Dauer doch damit zu rechnen, daß England auf der Seite der Gegner Deutschlands stehen werde. Hitler verlangte den beschleunigten Ausbau der Marine für einen möglichen Konflikt, den er aber nicht vor 1944 erwartete. Bis dahin sollte Raeder seine Flotte in Ruhe aufbauen können.

Diese von vielen vorausgesehene und dennoch überraschende Wendung stellte

Friedlich nebeneinander die Gegner von morgen: Zur Krönungsparade für König Georg VI. von England schickte die deutsche Marine im Mai 1937 ihr neuestes Panzerschiff, Admiral Graf Spee (Vordergrund) über den Kanal. Auf der Reede von Spithead liegt das »pocket-battleship« Seite an Seite mit dem britischen Schlachtschiff Revenge und dem Schlachtkreuzer Hood, dem damals größten Kriegsschiff der Welt.

die Marine vor nicht geringe Probleme. Nach der klassischen Rangfolge jeder Planung galt es zunächst ein Konzept zu beschließen, wie denn ein Seekrieg gegen England überhaupt mit Aussicht auf Erfolg geführt werden könne, um danach die in dieses Konzept passenden Schiffe zu bauen. Raeder beauftragte seinen jüngsten Admiralstabsoffizier, den stets kritischen Fregattenkapitän Hellmuth Heye, eine Denkschrift »Seekriegführung gegen England« auszuarbeiten. Außerdem berief er einen Planungsausschuß, in dem die erfahrensten Admirale »zu einer einheitlichen Auffassung ... für den gesamten Aufbau der Kriegsmarine« zu kommen hatten.

Nüchtern stellte Heye fest, daß die sogenannte »Schlachtentscheidung« auf See, das Aufeinandertreffen der gepanzerten Kolosse wie einst in der Skagerrakschlacht, keine Aussichten biete, die seestrategische Lage zugunsten Deutschlands zu ändern. Das galt selbst für den unwahrscheinlichen Fall, daß es Deutschland gelingen sollte, eine dem Gegner ebenbürtige oder gar überlegene Flotte ins Gefecht zu führen. Blieben die Deutschen aber unterlegen - und etwas anderes war kaum zu erwarten -, dann waren die Aussichten, mit *Schlachtschiffen* zum Ziel zu kommen, gleich Null.

Diese Ansicht schockierte vor allem die älteren Admirale. Wollte die Seekriegsleitung Schlachtschiffe zum alten Eisen erklären? Stieg und fiel der Wert einer Marine nicht mehr mit der Zahl ihrer gepanzerten Kolosse?

Heyes Alternative lautete, die primäre Aufgabe sei der Kampf gegen die englischen Seeverbindungen. Er sagte voraus, daß eine solche Kriegführung bei der Abhängigkeit Englands von seinen Zufuhren über See die größten Erfolge verspreche. Konsequenz: Nur Schiffe, die für den Kreuzerkrieg auf hoher See geeignet seien, sollten gebaut werden. Freilich gab es da einen Haken. Die Schiffe mußten aus der Enge der Deutschen Bucht und der Nordsee heraus in den Atlantik vorstoßen. Sie mußten die englische Blockadestellung durchbre-

Admiral Scheer *in der Biskaya, vom Luftschiff* Graf Zeppelin *aus gesehen. Die Besatzung drängt sich auf Deck, um den Luftschiffern zuzuwinken. Mit hoher Marschfahrt, wie im Bild, konnte* Admiral Scheer *eine Fahrstrecke von 9100 Seemeilen zurücklegen, mit geringerer Fahrt noch erheblich mehr. Mit ihrem weiten Aktionsradius operierten diese ersten von Motoren getriebenen großen Kriegsschiffe unabhängig von Stützpunkten auf den Weltmeeren.*

chen. Wie sollte das geschehen? Hier bekamen die Verfechter einer Schlachtflotte wieder Oberwasser: Nur »schwerste Schiffe« könnten den Durchbruch in den freien Ozean erkämpfen!
So wurden die Weichen doch wieder in Richtung einer mächtigen Schlachtflotte gestellt - trotz der Erkenntnis, daß England auf absehbare Zeit mit Schlachtschiffen nicht entscheidend zu schlagen sein werde. Es schien undenkbar, eine Marine zu planen, die dem Dritten Reich Seegeltung, ja Weltgeltung bringen sollte, und dabei von vornherein auf gewaltige Schlachtschiffe zu verzichten.

Der junge Fregattenkapitän Heye konnte sich mit seiner abweichenden Ansicht nicht gegen die Front der Admirale durchsetzen. Er konnte es umso weniger, als auch er gegenüber der wirklichen Alternative zum Schlachtschiff-Konzept, dem Angriff mit U-Bootrudeln auf die feindlichen Seetransporte, skeptisch blieb. Damals wurde allgemein angenommen, daß die U-Bootabwehr mit verbesserten Ortungsmethoden das angreifende U-Boot in die Defensive drängen könne und nennenswerte Erfolge nicht zulassen werde. Die deutschen U-Bootfahrer, die ganz anderer Meinung waren, wurden im Planungsausschuß ebenso wenig gehört wie Vertreter der Luftwaffe, die gewiß in die Debatte geworfen hätten, daß selbst schwerste Schlachtschiffe auf die Dauer dem Angriff aus der Luft nicht mehr gewachsen sein würden.

Am 31. Oktober 1938 legte der Vorsitzende des Planungsausschusses, Vizeadmiral Guse, dem Oberbefehlshaber, der sich aus den Diskussionen herausgehalten hatte, das Ergebnis der Beratungen vor. Der Ausschuß empfahl neben einem stärkeren Panzerschiffstyp für den Handelskrieg in weiten Seeräumen vor allem den Bau von sechs Superschlachtschiffen des Typs »H«, die eine Standardverdrängung von mehr als 56000 ts erreichen sollten. Die Marine wollte sich des Großdeutschen Reiches würdig erweisen.

★

Raeder eilte sogleich zu Hitler und trug ihm die Ergebnisse des »Z-Plans« zum Ausbau der Kriegsmarine vor. Er habe dabei, erinnerte er sich später, die folgende Alternative angeboten:
Entweder »hauptsächlich U-Boote und Panzerschiffe« zu bauen; das gehe schneller und ergebe im Fall eines Krieges »eine gewisse Bedrohung« für Englands lebenswichtige Zufuhr über See, sei aber andererseits recht einseitig, weil nicht für einen Kampf mit stärkeren englischen Seestreitkräften geeignet.
Oder »eine schlagkräftige Flotte mit stärksten Schiffstypen« zu schaffen; das werde länger dauern, diese Flotte sei dann aber in der Lage, »sowohl die englische Seezufuhr als auch die Seestreitkräfte mit Aussicht auf Erfolg zu bekämpfen«.
Raeder verband mit der Empfehlung für die zweite Lösung die Warnung, die Marine werde unfertig dastehen, falls es schon in den nächsten Jahren zum Kriege komme. Hitler versicherte erneut, daß er die Flotte »nicht vor 1946« brauchen werde. Auch er neigte, wie die Admirale, zum großartigen Schlachtschiffbau.
Der Startschuß für diese Z-Plan-Flotte fiel am 29. Januar 1939. Drei Monate

Vom deutsch-englischen Flottenvertrag sanktioniert wurde der bereits 1934 begonnene Bau der Schlachtschiffe Gneisenau *und* Scharnhorst, *die mit ihren 31850 ts mehr als dreimal so groß wurden wie vom Versailler Vertrag zugelassen. Dennoch waren sie mit ihren neun 28-cm-Geschützen gegenüber fremden Schlachtschiffen im Nachteil. Beide Schiffe sollten auf 38-cm umgerüstet werden, doch dazu kam es im Kriege nicht mehr.*

Die Deutschen seien von dem heißen Wunsch erfüllt, nie wieder in einen Krieg gegen England ziehen zu müssen, redete Hitler am 1. April 1939 beim Stapellauf des neuen Schlachtschiffs Tirpitz *auf der Kriegsmarinewerft in Wilhelmshaven (rechte Seite). Zu diesem Zeitpunkt hatte das Abenteuer Z-Plan mit dem ehrgeizigen Ziel, England in der Seerüstung ebenbürtig zu werden, bereits begonnen. Am selben Tage wurde der Oberbefehlshaber der Marine, Dr. Erich Raeder, zum Großadmiral befördert. Der Monat war noch nicht zu Ende, da wurde auch der Flottenvertrag mit England einseitig von Berlin gekündigt.*

später kündigte Deutschland den Flottenvertrag mit England. Der Traum »Nie wieder gegen England« war ausgeträumt. Noch einmal vier Monate später - und der Krieg brach aus.

★

Die Z-Plan-Flotte, die sich angesichts der tatsächlichen Ereignisse als eine gewaltige Fehlplanung erwies, sollte bis zum Jahre 1944 außer den bereits erwähnten sechs Superschlachtschiffen vom Typ »H« - für die Dieselmotorenantrieb und eine Bewaffnung von acht 40,6-cm-Geschützen vorgesehen waren - folgende Einheiten umfassen:
Je zwei Schlachtschiffe vom Typ *Bismarck* und vom Typ *Gneisenau* - die letzteren in den Jahren 1941/42 ebenfalls umgerüstet auf 38-cm-Geschütze; die drei bereits vorhandenen Panzerschiffe vom Typ *Deutschland;* drei neukonstruierte Schlachtkreuzer von 32000ts mit sechs 38-cm-Geschützen und besonders hoher Geschwindigkeit, ein Schiffstyp, der bis zum Jahre 1948 auf zwölf Einheiten aufgefüllt werden sollte; zwei Flugzeugträger von 23200ts, von denen der erste, *Graf Zeppelin,* bereits am 8. Dezember 1938 vom Stapel gelaufen war und zeitweise weitergebaut wurde, bis 1943 der endgültige Baustop kam; fünf schwere Kreuzer von 10000ts, die sogenannten Washingtonkreuzer; ferner vier neue leichte Kreuzer und neun Spähkreuzer, 47 Zerstörer, 54 Torpedoboote und insgesamt 229 U-Boote der verschiedensten Typen, vom »Einbaum« bis zum U-Kreuzer für ferne Meere.
Die zuletzt erwähnten leichten Seestreitkräfte sollten, mit Ausnahme der U-Boote, in den Jahren bis 1948 noch weit zahlreicher werden. So sah das vorläufige Endziel 24 leichte Kreuzer und 36 »Spähkreuzer«, 70 Zerstörer und 78 Torpedoboote vor.
Doch nicht die leichten Streitkräfte, sondern der Zeit, Arbeitskraft und Material fressende Schlachtschiffbau berechtigte die Frage, ob die Kapazitäten der deutschen Werftindustrie dieses Mammutprogramm überhaupt zulassen würden. Anscheinend hoffte das OKM, das allgemeine Kräftepotential der deutschen Wirtschaft anzapfen und neue Produktionsstätten bauen zu können, ohne dabei an die Anforderungen der bei Hitler hoch angesehenen anderen Wehrmachtteile Heer und Luftwaffe zu denken.
Der frühe Kriegsausbruch traf den Z-Plan noch in den ersten Anfängen seiner Verwirklichung: Lediglich von zwei »H«-Schlachtschiffen war der Kiel gestreckt, doch das verbaute Material mußte bald wieder abgebrochen werden. Der Kampf um Kapazitäten und Prioritäten entbrannte nun in vollem Umfang. Am 3. September 1939, als alle hochfliegenden Pläne zerrannen, versuchte Großadmiral Raeder noch einmal die Z-Plan-Politik zu rechtfertigen: »1944/45 hätte Deutschland eine genügende Zahl von Schlachtschiffen, Panzerschiffen, Kreuzern, Flugzeugträgern und U-Booten besessen, um sich dem meerbeherrschenden England auf den Ozeanen zu stellen.« Es fragt sich nur, ob England einer solchen Entwicklung tatenlos zugesehen hätte.

Die Segel-schulschiffe

Am 26. Juli 1932 traf die Reichsmarine eine schwere Katastrophe. Das aus einem alten Frachtensegler umgebaute Segelschulschiff Niobe *kenterte vor Fehmarn in einer Fallbö und riß 76 Mann mit sich in die Tiefe. Nach diesem Unglück wurden die 1933 entstehende Bark* Gorch Fock *und ihre Schwesterschiffe* Horst Wessel *(1936) und* Albert Leo Schlageter *(1937) ganz auf Sicherheit konstruiert. Sie besaßen eine größere Stabilität als die meisten Frachtschiffe.*

Die Gorch Fock *trug 1800 Quadratmeter Segel, die etwas größeren Schwesterschiffe verfügten über 1975 qm Segelfläche. Die weißen Schiffe kreuzten auf zahlreichen Ausbildungsreisen im hohen Norden, zu den atlantischen Insel und bis nach Westindien. Sie ritten auch manchen Orkan ab - und fuhren noch Jahrzehnte nach dem Kriege unter amerikanischer, portugiesischer und sowjetischer Flagge.*

Im Sommer 1939 wurde die politische Lage in Europa immer bedrohlicher. Die Marine schien davon nicht betroffen zu sein, Hitler hatte ihr ja versichert, es gebe in den nächsten Jahren keinen Krieg gegen England. So führte das Schlachtschiff Gneisenau *(oben) Atlantik-Erprobungen durch, ohne einen Schuß scharfe Munition an Bord zu haben. Die normale Ausbildung der U-Boote und Zerstörer in der Ostsee lief weiter. Erst Mitte August 1939 begann die Marine Vorbereitungen für einen Kriegsausbruch zu treffen, an den sie jedoch bis zur letzten Stunde nicht glauben wollte.*

Offensiver Anfang

Der Krieg begann mit dem Angriff auf die polnische Marine - soweit sie nicht vorher aus der Ostsee entwichen war. In der Danziger Bucht operierten vor allem Marineflieger und Minensuchverbände. Hier sammelt eine Flottille Minensuchboote vom Typ M35 (682 ts, 18 kn, zwei 10,5-cm) nach beendeter Aufgabe.

Die erste Großoperation im Seekrieg gegen England: Minenschiffe, Kreuzer, Zerstörer und Torpedoboote legten die »Westwall«-Minensperren, um die Deutsche Bucht gegen einen Vorstoß der Royal Navy zu sichern. Umgekehrt erklärte Großbritannien bereits am 3. September 1939 die Blockade Deutschlands. Das Bild zeigt Minen klar zum Wurf an Deck eines Torpedoboots.

Die Seebäderdampfer Roland *(vorn) und* Cobra *werden zu Minenschiffen umgerüstet und flicken an den Sperren in der Deutschen Bucht.*
Unten: Der Verband der Minenschiffe, von Räumbooten gesichert, schwenkt zum Wurfkurs ein.

Den ersten großen Erfolg für die deutschen U-Boote erzielte U 29 *unter Kapitänleutnant Otto Schuhart - rechts auf dem Turm seines Bootes vom Typ VIIA. Am 17. September 1939 traf Schuhart den britischen Flugzeugträger* Courageous *mit zwei Torpedos, und binnen 15 Minuten sank der 22 500-ts-Träger mit 518 Mann.*

Im übrigen führten die wenigen deutschen U-Boote Handelskrieg streng nach Prisenordnung: Sie mußten auftauchen, das gestellte Schiff anhalten und auf Bannware untersuchen. Dieser bewaffnete englische Dampfer wird mit einem Torpedoschuß aus dem Heckrohr des U-Boots versenkt.

Zu Beginn des Krieges hatte die U-Bootkanone - auf den Booten vom Typ VII eine 8,8-cm - noch eine wichtige Funktion. Nach dem Auftauchen galt es schneller zu sein als der bewaffnete Gegner. Nach internationalem Recht durfte ein Schiff erst versenkt werden, wenn die Besatzung in Sicherheit war.

Priens U 47 in Scapa Flow

Der Krieg war gerade sechs Wochen alt, da hatte Deutschland schon seinen ersten Seehelden: den Kapitänleutnant Günther Prien. Nach sorgfältiger Vorbereitung durch den U-Bootstab drang Prien mit seinem Boot, *U 47,* in der Nacht zum 14. Oktober 1939 in die Bucht von Scapa Flow, den Hauptstützpunkt der britischen Flotte, ein. Er fuhr über Wasser, unter flackerndem Nordlicht, durch die reißende Strömung des Kirk-Sundes; Luftbilder hatten gezeigt, daß diese Passage noch nicht durch Blockschiffe gesperrt war. Die britische Admiralität hatte die Sperrung zwar beantragt, der Verwaltung waren aber die Kosten zu hoch. Nach mehrwöchiger Verzögerung verließ das vorgesehene Blockschiff London am selben Tage, als Prien bereits in den Stützpunkt eindrang.

Doch die Enttäuschung des U-Bootkommandanten und seiner Besatzung war groß. Die letzte Luftaufklärung hatte einen Flugzeugträger und fünf schwere Schiffe in Scapa Flow festgestellt. Dagegen schien das Nest jetzt so gut wie leer zu sein. Nur vor dem Mainland der Schatten von einem oder zwei großen Kriegsschiffen. Zwei Minuten vor 01.00 Uhr nachts lief das Boot zum Überwasserangriff an. Von dem Viererfächer, den Wachoffizier Oberleutnant Engelbert Endraß schoß, blieb ein Torpedo im Rohr stecken - und die anderen drei trafen nicht. Prien drehte das Boot und schickte den Hecktorpedo hinterher: wieder ein Fehlschuß. In diesem entscheidenden Augenblick versagten die Torpedos!

Mitten in Scapa Flow, ohne Erfolg und mit leergeschossenen Rohren, entschloß sich Prien, Reservetorpedos nachladen zu lassen. Die Torpedomechaniker schafften es in Rekordzeit: Nach einer Viertelstunde waren zwei Rohre

Schlachtschiff grüßt U-Boot: In der Kieler Förde paradiert die Scharnhorst *mit angetretener Besatzung für die U-Bootfahrer auf dem aus Scapa Flow heimkehrenden Boot. Mit Kapitänleutnant Prien auf dem Turm läuft* U 47 *in Kiel ein (unten rechts). Auf seiner zehnten Feindfahrt wurde Priens U 47 am 8. März 1941 mit der ganzen Besatzung im Nordatlantik vernichtet.*

wieder schußbereit. Länger wollte Prien nicht warten, sein Boot konnte jeden Augenblick von Wachfahrzeugen entdeckt werden. Er fuhr selber den zweiten Anlauf, und um 01.22 Uhr flog das vor Anker liegende alte Schlachtschiff *Royal Oak*, von beiden Torpedos voll getroffen, in die Luft. 833 britische Seeleute fanden den Tod.

U 47 kam auf demselben Wege unbeschadet wieder aus Scapa Flow heraus und lief drei Tage später in Wilhelmshaven ein. Prien erhielt als zweiter Seeoffizier nach Großadmiral Raeder das Ritterkreuz des Eisernen Kreuzes, und U-Bootchef Karl Dönitz wurde an Deck von *U 47* zum Konteradmiral befördert. Die deutsche Propaganda bemächtigte sich des Erfolges, nur die Torpedoversager wurden natürlich geheimgehalten.

Doch es war nicht das erstemal, daß ein U-Boot in aussichtsreicher Position seine Angriffswaffe einsetzte und nach entnervendem Warten nur feststellen konnte, daß die Torpedos versagt hatten. Mehrere U-Boote waren sogar nach eigenem, ergebnislosen Angriff von der feindlichen Abwehr gestellt und vernichtet worden. Die Torpedoversager, die bei der Besetzung Norwegens ein katastrophales Ausmaß annahmen, führten zur ersten schweren Vertrauenskrise in der deutschen Kriegsmarine. Sie konnten erst im Sommer 1940 weitgehend behoben werden.

Zwei U-Boot-Asse, Günther Prien und Joachim Schepke (rechts), rekonstruieren mit Gläsern eine Geleitzugschlacht. Beide fielen im März 1941, als die britische U-Bootabwehr zum ersten Gegenschlag ausholte.

Admiral Hermann Boehm (links), erster deutscher Flottenchef im Kriege, wurde nach einer persönlichen Kontroverse mit Großadmiral Raeder bereits im Oktober 1939 durch Admiral Wilhelm Marschall (rechts) abgelöst. Aber auch Marschalls Operationen fanden, trotz mancher Erfolge, keinen ungeteilten Beifall der Seekriegsleitung in Berlin.

Die ersten Flottenvorstöße beider Seiten - hier das Schlachtschiff Gneisenau, *gesichert von einem Zerstörer und einem U-Jagdflugzeug – führten zu keinem Ergebnis. Auch die britische Home Fleet lief mehrmals in die Nordsee aus, doch die Gegner trafen nicht aufeinander.*

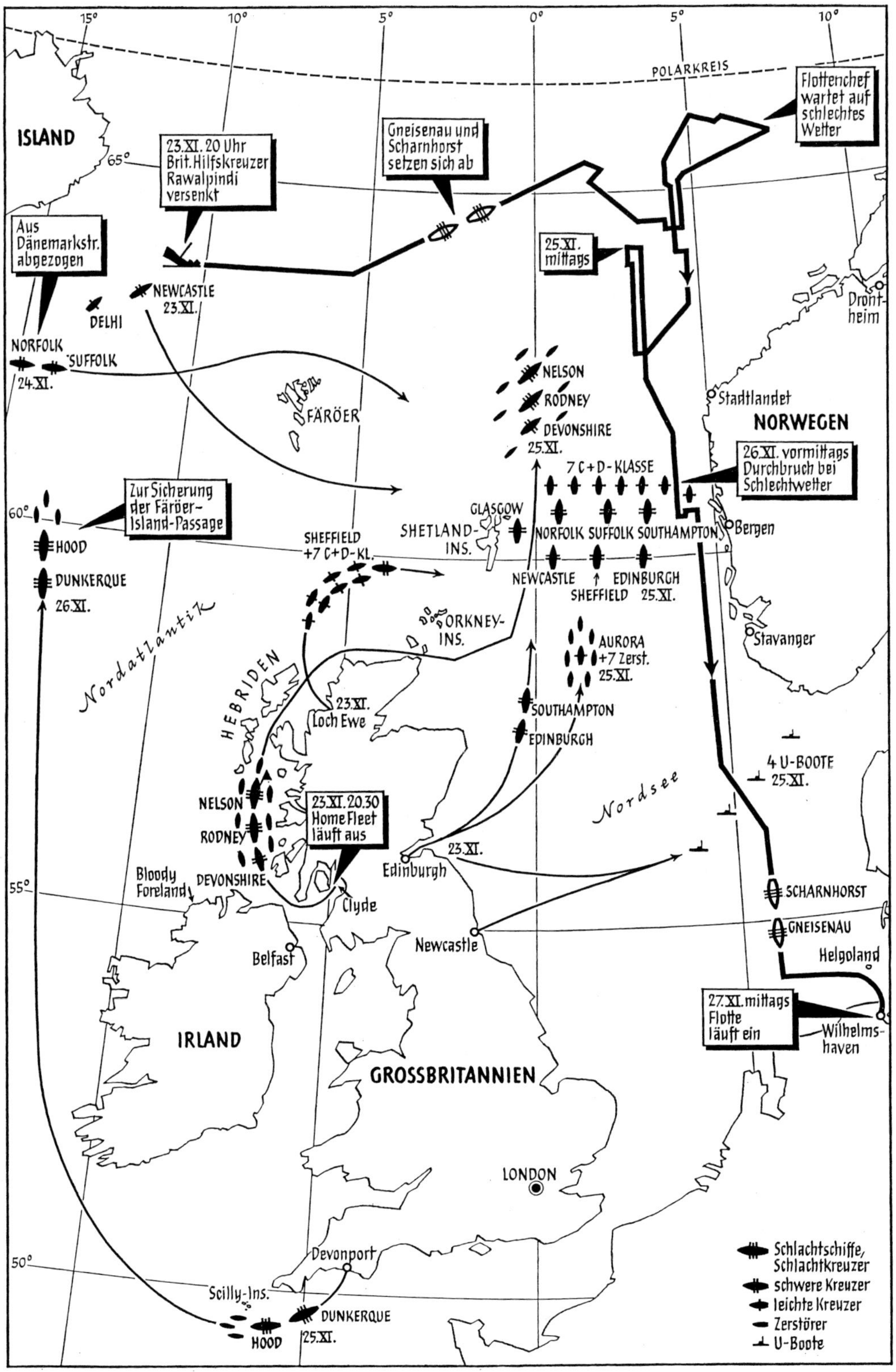

Im »Novembervorstoß« der Flotte tauchten Gneisenau *und* Scharnhorst *überraschend in der Färöer-Island-Passage auf und versenkten den britischen Hilfskreuzer* Rawalpindi. *Die Karte zeigt, wie die ganze britische Flotte vergebens Jagd auf die beiden deutschen Schiffe machte.*

Das Drama am La Plata

Panzerschiff Graf Spee, *oben im Hamburger Hafen, rechts im Südatlantik mit Geschützatrappe (Pfeil), um einem britischen Kreuzertyp zu gleichen. Nach erfolgreicher Kaperfahrt - die* Spee *brachte vom 30. September bis 7. Dezember 1939 neun britische Schiffe auf - traf sie am 13. Dezember auf das Geschwader des Commodore Harwood mit den Kreuzern* Exeter, Ajax *und* Achilles. *Im Gefecht wurden* Exeter *und* Ajax *schwer beschädigt, doch auch* Spee *erhielt Treffer und lief zur Ausbesserung nach Montevideo - in eine Falle, wie sich bald herausstellte.*

Am 17. Dezember 1939, kurz nach 18 Uhr, verließ das deutsche Panzerschiff *Admiral Graf Spee* den Hafen von Montevideo am La Plata, in dem es dreimal 24 Stunden lang gelegen und Gefechtsschäden ausgebessert hatte. Eine vieltausendköpfige Menschenmenge verfolgte den Kurs des Schiffes. Jedermann erwartete, es werde zu einem neuen Seegefecht mit überlegenen britischen Schiffen kommen, die dem deutschen Raider auf freier See auflauerten. Doch es kam ganz anders. Noch vor Verlassen der neutralen Dreimeilenzone stieg die *Spee*-Besatzung auf einen Frachter um, und das vielbewunderte »pocket-battleship« wurde auf Befehl seines Kommandanten, Kapitän zur See Hans Langsdorff, von eigener Hand gesprengt.

Dieser erste bedeutende Erfolg Englands im Kriege war mit psychologischen Waffen errungen. Die britischen Vertreter in Montevideo hatten einen Ner-

venkrieg entfesselt und den Eindruck erweckt, ein Schlachtkreuzer und ein Flugzeugträger lägen bereit, um das deutsche Schiff abzufangen, während sie in Wirklichkeit noch weit entfernt waren. Obwohl die Seekriegsleitung in Berlin ein anderes Feindlagebild besaß, ließ Raeder dem Kommandanten freie Hand, und Langsdorff wählte in scheinbar aussichtsloser Lage die Selbstvernichtung des Schiffes bei vollständiger Rettung seiner Besatzung. In der deutschen Führung, besonders bei Hitler selbst, erlitt das Vertrauen in die Kampfkraft, ja: die Unbesiegbarkeit der schweren Schiffe zum erstenmal empfindliche Einbuße.

Graf Spee *hatte im Gefecht mehr als die Hälfte ihrer Munition verbraucht. Einem weiteren Kampf mit den vermuteten schweren Streitkräften war das Panzerschiff nicht gewachsen. Der Kommandant entschloß sich daher zur Sprengung - und nahm sich am Tage darauf selber das Leben, um zu beweisen, daß er nicht aus Feigheit gehandelt habe. Links die Beerdigung Kapitän zur See Langsdorffs in Buenos Aires. Die* Spee-*Besatzung wurde in Argentinien interniert.*

Eines der bestgelungenen Unternehmen der deutschen Marine war die geheime Minenoffensive der Zerstörer im ersten Kriegswinter. Elfmal legten die Zerstörer Minen direkt vor der englischen Küste, so auch in die Themsemündung, ohne bemerkt zu werden und ohne jeden eigenen Verlust. Dagegen sanken 67 alliierte Schiffe und mehrere Zerstörer auf den deutschen Minen.

Der harte Winter 1939/40 behinderte den Seekrieg in den Küstenrandmeeren. Ostsee- und Nordsee-Flußmündungen froren zu, Fahrrinnen waren oft nicht einmal durch Eisbrecher offenzuhalten. Vor allem Ausbildung und Erprobung neuer Waffen litten darunter, neue U-Boottorpedos konnten nicht eingeschossen werden, und so rettete sich die Torpedokrise über den Winter.

In stürmischer See und langer Dünung: das deutsche Torpedoboot Iltis. *- Im Februar 1940 warfen die kommenden Ereignisse ihre Schatten voraus. Der unter Reichsdienstflagge fahrende Flottentanker* Altmark *hatte als Versorger für das Panzerschiff* Graf Spee *im Südatlantik gedient und die Besatzungen der versenkten britischen Schiffe übernommen. Auf dem Heimweg suchte das Schiff am 16. Februar 1940 Schutz im norwegischen Jössingfjord, wo es von einem Enterkommando des britischen Zerstörers* Cossack *überfallen wurde. Die Engländer schossen mehrere unbewaffnete Deutsche nieder und nahmen die 303 Internierten mit. Norwegische Kriegsschiffe verhielten sich passiv. Der* Altmark*-Fall verstärkte in Berlin den Eindruck, daß Norwegen nicht bereit sei, seine Neutralität gegen britische Eingriffe zu verteidigen. Wenige Tage später befahl Hitler die Vorbereitung des Unternehmens »Weserübung«, des deutschen Angriffs auf Norwegen.*

Unternehmen Weserübung

»Der *Altmark*-Fall zeigt deutlich, daß England auf die Dauer nicht gesonnen ist, die norwegischen Hoheitsrechte zu achten«, hieß es in der Weisung des Oberkommandos der Wehrmacht für den »Fall Weserübung« vom 26. Februar 1940. Es könne auch nicht ausgeschlossen werden, daß England wichtige Küstenpunkte Norwegens besetzen werde, um den Deutschen das Befahren der neutralen Gewässer zu verwehren, und daß es auch Luftstützpunkte in Norwegen einrichten werde. »In diesen Fällen«, fährt die Weisung fort, »muß der Festsetzung der Feindmächte in Norwegen durch eigene Besetzung des Landes zuvorgekommen werden. Solange Norwegen neutral ist und seine Neutralität zu wahren versteht, liegt kein Grund zur Besetzung vor. Ist dies nicht der Fall, muß Norwegen in unsere Hand gebracht werden ...«

Daß die deutschen Befürchtungen nicht gerade unberechtigt waren, zeigt ein knapper Rückblick auf die englischen Überlegungen und Maßnahmen. Während Deutschland am 2. September 1939 die Unverletzlichkeit Norwegens erklärt hatte, sofern diese nicht durch eine dritte Macht angetastet würde, beschäftigte sich Marineminister Churchill bereits am 19. September in einer Denkschrift mit den Möglichkeiten, um den Transport schwedischen Erzes via Narvik nach Deutschland zu unterbinden. Diese Erzzufuhr war für die deutsche Kriegswirtschaft ebenso wichtig wie den Engländern ein Dorn im Auge. Da die Erzfrachter auf dem gefährlichsten Teil ihres Weges durch norwegische Hoheitsgewässer fuhren, war ihnen nach geltendem Recht nicht beizukommen. Churchills Plan, das norwegische Schärenfahrwasser zu verminen, fand 1939 noch nicht die Zustimmung der britischen Regierung.

Als Ende November 1939 der Winterkrieg zwischen der Sowjetunion und Finnland ausgebrochen war, sahen die Westmächte eine andere Interventionsmöglichkeit. Sie boten ein Expeditionskorps von drei bis vier Divisionen an, die durch Nordnorwegen und Schweden nach Finnland marschieren - und nebenbei auch Narvik und die schwedischen Erzgruben besetzen sollten. Doch die skandinavischen Länder wehrten sich gegen solche Hilfeleistung, und Finnland kam der alliierten Intervention durch seinen Waffenstillstand mit den Russen am 12. März 1940 zuvor. Am 28. März griff dann der Oberste Alliierte Kriegsrat Churchills Vorschlag wieder auf und beschloß, am 5. April die norwegischen Hoheitsgewässer zu verminen und kurz darauf verschiedene norwegische Häfen zu besetzen. Tatsächlich kam also der deutsche Angriff einer ähnlichen Operation der Alliierten nur um ein Geringes zuvor.

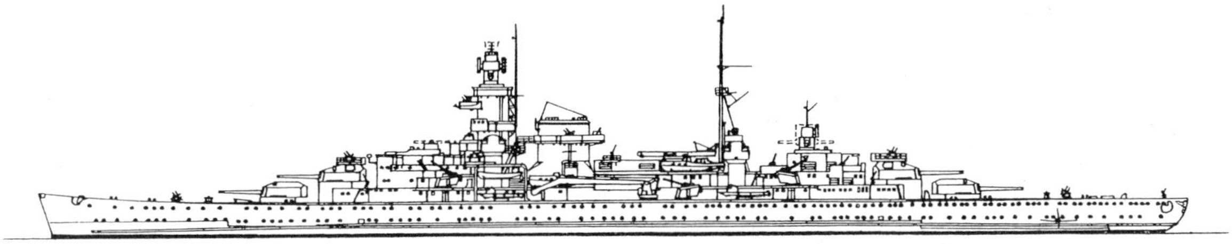

Admiral Hipper, *einer der fünf schweren Kreuzer, die nach dem Flottenvertrag von 1935 auf deutschen Werften entstanden, von denen aber nur drei unter deutscher Flagge in Dienst gestellt wurden. Sie waren mit 14 000 ts erheblich größer als die sogenannten Washingtonkreuzer, besaßen aber ebenfalls nur acht 20,3-cm-Geschütze. Die Turbinen leisteten 132 000 PS für eine Höchstfahrt von 32,5 kn, der Aktionsradius war klein, die Schiffe schienen gerade für die Aufgaben der deutschen Marine eine Fehlkonstruktion.*

Gebirgsjäger steigen am Cuxhavener Steubenhöft auf Hipper *über. Der Kreuzer soll mit der Kriegsschiffgruppe 2, zu der noch vier Zerstörer gehören, am Morgen des 9. April 1940 in Drontheim einlaufen. Das Unternehmen steht und fällt mit der Geheimhaltung. Denn der deutsche Flottenverband muß am Tag vor der Besetzung die Enge zwischen Bergen und den Shetlands passieren, wo er von überlegenen britischen Streitkräften abgefangen werden könnte.*

Das Unternehmen »Weserübung« begann in der Nacht zum 7. April mit dem Auslaufen der Flotte und der verschiedenen Kriegsschiffgruppen aus der Deutschen Bucht. Am frühen Morgen des 9. April sollten gleichzeitig die Hauptstadt Oslo und die Häfen Kristiansand-Süd, Bergen, Drontheim und Narvik im hohen Norden besetzt werden. Im Gegensatz zum Heer und zur Luftwaffe, die mit vergleichsweise geringen Kräften an dem Unternehmen teilnahmen, mußte die Kriegsmarine praktisch die gesamte deutsche Flotte aufs Spiel setzen. Allein von ihr hing es ab, ob der Handstreich gegen die Häfen gelingen würde. Der Oberbefehlshaber der Marinegruppe Ost, Admiral Rolf Carls, rechnete von vornherein mit einem Verlust etwa der Hälfte aller eingesetzten Streitkräfte.

★

Während die deutsche Flotte am 7. und 8. April gegen einen immer heftigeren Sturm und in grober, aufgewühlter See nach Norden dampfte, waren auch die Briten unterwegs, um die lange geplante Verminung des norwegischen Schärenfahrwassers vorzunehmen. Dennoch kam es nur durch Zufall zu einem Gefecht. Der wegen der groben See von seinem Verband abgesplitterte bri-

Fortsetzung auf Seite 62)

Bei Sturm aus Südsüdwest stampft die deutsche Kampfgruppe am 7. und 8. April nach Norden. Besonders die 14 Zerstörer kämpfen mit dem Wetter. Die See rollt von achtern unter den Booten durch, die Back taucht tief unter, die Zerstörer können kaum Fahrt und Kurs halten. Die Brecher zerschlagen das Gerät der Gebirgsjäger an Deck, reißen Männer über Bord. Rettungsversuche sind aussichtslos, die Boote boxen sich immer weiter nach Norden.

Die kochende See neben der Bordwand eines Zerstörers. An Deck sind Strecktaue gespannt, doch wenn ein Mann von einem Brecher erfaßt wird, gibt es kein Halten.

Dramatischer Zwischenfall am Morgen des 8. April 1940: In dem weit auseinandergerissenen deutschen Verband gerät der Zerstörer Bernd von Arnim *mit einem britischen Zerstörer ins Gefecht, der viel besser in der groben See liegt. Der Flottenchef schickt den Kreuzer* Hipper *zu Hilfe. Plötzlich taucht der Brite, schwarz qualmend, dicht vor dem Bug der* Hipper *auf und dreht ein zum Rammstoß. Es ist der Zerstörer* Glowworm. *Mit abgetrenntem Bug treibt er dicht neben* Hipper *und kentert schließlich. Die Deutschen retten 38 überlebende Engländer.*

Der Führer der Zerstörer, Kommodore Friedrich Bonte, führte zehn Boote zum Handstreich auf Narvik - und fiel am Morgen nach der Besetzung beim ersten britischen Überraschungsangriff.

Linke Seite: Gebirgsjäger gehen vom Zerstörer Hans Lüdemann *in Narvik an Land. - Am 13. April 1940 stößt ein britischer Verband mit dem Schlachtschiff* Warspite *und neun Zerstörern zum entscheidenden Angriff gegen die noch einsatzbereiten deutschen Boote in und bei Narvik vor.*
Schwer getroffen und von der Besatzung verlassen treibt der Zerstörer Erich Giese *im Fjord außerhalb Narviks, bevor er kentert und sinkt.*

Die Wracks der drei Zerstörer Arnim, Lüdemann *und* Zenker, *die nach Verbrauch der letzten Munition im Rombaksfjord gesprengt wurden.*

(Fortsetzung von Seite 58)
tische Zerstörer *Glowworm* sichtete einzelne deutsche Zerstörer und geriet schließlich in einen Nahkampf mit dem Kreuzer *Hipper*. Dabei rammte *Glowworm* die *Hipper,* schnitt aber unter den Bug des Kreuzers und wurde vernichtet. *Hipper* setzte, obwohl mit einem großen Leck, seinen Vormarsch mit den eingeschifften Truppen planmäßig nach Drontheim fort.

Das nördlichste Ziel, der Erzhafen Narvik, wurde von zehn Zerstörern unter Führung des Kommodore Friedrich Bonte angesteuert. Für die eingeschifften Gebirgsjäger, rund 200 auf jedem Zerstörer, war es gewiß die schlimmste Seefahrt ihres Lebens. Der Sturm hatte den Verband auseinandergerissen, doch am frühen Morgen des 9. April sammelte er wieder im ruhigeren Fahrwasser des Ofotfjordes. Der Weisung zufolge war anzustreben, »der Unternehmung den Charakter einer friedlichen Besetzung zu geben«. Vor Narvik stellten sich den Deutschen jedoch die Küstenpanzer *Eidsvold* und *Norge* entgegen und eröffneten das Feuer, bis sie, von Torpedos getroffen, in die Luft flogen. Darauf kapitulierte Narvik und wurde von den Gebirgsjägern des Generals Dietl besetzt.

Für die Zerstörer kam es jetzt darauf an, schnellstens Treiböl für die Rückfahrt zu fassen; denn die britische Flotte würde zum Gegenschlag ausholen, sobald sie von der deutschen Aktion erfuhr. Von den beiden nach Narvik beorderten Tankern war jedoch nur einer angekommen. Die Ölabgabe zog sich in die Länge. Und am frühen Morgen des 10. April, in dichtem Schneetreiben, griffen plötzlich britische Zerstörer die in Narvik liegenden deutschen Schiffe an. Der deutsche Führerzerstörer *Wilhelm Heidkamp* mit Kommodore Bonte an Bord flog nach Torpedotreffer in die Luft, *Anton Schmitt* sank ebenfalls und zwei weitere wurden beschädigt. Die anderen deutschen Boote nahmen das Gefecht auf und versenkten nun ihrerseits die Briten *Hardy* und *Hunter*.

Drei Tage später lief erneut ein britischer Verband, diesmal unter Führung des Schlachtschiffs *Warspite*, in den Ofotfjord ein. Wieder konnten die auf Position liegenden deutschen U-Boote den Gegner nicht aufhalten, weil ihre Torpedos

»Wir bauen Süßwasserschiffe, bildschön anzusehen, aber für den Atlantik nicht geeignet«, kritisierte ein Marinebaurat besonders den Typ der schweren Kreuzer. Hier die Blücher, *deren Indienststellung durch fünfmalige Umbauten verzögert wurde. Ohne genügende Einfahrzeit und ohne zuvor einen scharfen Schuß gefeuert zu haben, sollte* Blücher *Oslo erobern - und wurde in der Dröbak-Enge von den Norwegern versenkt.*

Die Lützow *mit abgeknicktem Achterschiff in Kiel. Auf der Rückfahrt von Oslo erhielt sie diesen schweren Torpedotreffer von dem britischen Unterseeboot* Spearfish *und fiel ein Jahr lang für weitere Einsätze aus. Die* Lützow *war das ehemalige Panzerschiff* Deutschland, *das auf Hitlers Wunsch umbenannt werden mußte - weil kein Schiff mit dem Namen* Deutschland *sinken durfte.*

versagten. Dieses Mal wurden die restlichen acht deutschen Narvik-Zerstörer vernichtet - oder versenkten sich selbst, nachdem sie ihre letzten Granaten verschossen hatten. Die Zerstörerfahrer verstärkten die Gebirgsjäger im Brükkenkopf Narvik, doch dieser äußerste Vorposten war nun völlig abgeschnitten.

★

Empfindliche Verluste traten auch an anderen Stellen ein. Im Oslofjord sank der neue schwere Kreuzer *Blücher* nach Artillerie- und Torpedotreffern von der norwegischen Festung Oscarsborg an der Dröbak-Enge. Entgegen allen Anzeichen hatte der Befehlshaber der deutschen Kriegsschiffgruppe 5 im Oslofjord, Konteradmiral Kummetz, die Dröbak-Enge passieren wollen, ohne die Festung vorher durch Stoßtrupps zu nehmen. Die Norweger hielten auch hier nicht still, sondern eröffneten das Feuer - mit vernichtender Wirkung.
Auf der Rückfahrt aus dem Oslofjord wurde auch der Kreuzer *Lützow,* das ehemalige Panzerschiff *Deutschland,* durch einen britischen U-Boottorpedo schwer beschädigt. Die *Lützow* schleppte sich nach Kiel, fiel aber für den Kreuzerkrieg in Übersee aus, für den sie vorgesehen war. Die Seekriegsleitung nannte den Einsatz des Schiffes gegen Norwegen »einen schweren strategischen Fehler«, doch Hitler hatte es selbst so befohlen.
Das Unternehmen »Weserübung« brachte den ersten schweren Aderlaß für die deutsche Marine - und weitere herbe Enttäuschungen wie das völlige Versagen der U-Boottorpedos. Doch Norwegen geriet in deutsche Hand, Europas Nordflanke war gegen britischen Zugriff gesichert, die eigene Operationsbasis vergrößert. So schien der Erfolg letztlich die schweren eigenen Verluste zu rechtfertigen.

Unternehmen »Juno«: Überraschend stieß die deutsche Flotte in den Rückzug der Engländer aus Norwegen hinein, versenkte einen Truppentransporter und kämpfte schließlich den britischen Flugzeugträger Glorious *nieder. Unten die Schlachtschiffe* Scharnhorst *und* Gneisenau *bei Höchstfahrt im Gefecht.*

Der Griff nach dem Atlantik

Nach den überraschenden Anfangserfolgen der deutschen U-Boote im Herbst 1939 und der Krise durch die Torpedoversager, die vor Norwegen katastrophale Ausmaße annahm - 31 Torpedoangriffe aus günstigen Schußpositionen gegen Kriegsschiffe und Transporter brachten keinen einzigen Erfolg - mußte die U-Bootwaffe im Frühsommer 1940 wieder ganz von vorn beginnen. Der Kampf gegen Englands Lebensadern hatte drei Monate lang geruht. Nun sollte er unter sehr viel günstigeren Bedingungen wieder aufgenommen werden. Denn der Westfeldzug und der rasche Zusammenbruch Frankreichs brachten der deutschen Marine den Besitz der französischen Atlantikhäfen ein. Lorient und Brest, La Pallice und St. Nazaire wurden U-Bootstützpunkte. Eine Operationsbasis wie geschaffen für den Griff nach dem Atlantik! Für die U-Boote entfiel der zeitraubende Hin- und Rückmarsch durch die Nordsee und um die Britischen Inseln herum. Dadurch stiegen die Fronttage je Boot erheblich an. Und die Erfolge stiegen mit.

So begann im Sommer 1940 eine der längsten, wechselvollsten und erbittertsten Schlachten des Zweiten Weltkrieges, die Schlacht um den Atlantik. Sie begann mit einer kurz bemessenen Zeitspanne, in der einzelne Boote hohe Erfolge erringen konnten. Die alliierte Schiffahrt wog sich in Sicherheit, die U-Bootgefahr schien gebannt, und die Konvoisicherung war äußerst schwach, weil die Navy ihre Zerstörer und Geleitfahrzeuge für die Flucht aus Dünkirchen und anderen französischen Häfen und später zur Abwehr der befürchteten deutschen Landung in England brauchte.

In dieser Phase des Kampfes suchten und fanden die U-Boote den Gegner vor dem Nordkanal, wo sich der breite Strom der englischen Zufuhr bündelte. Wie die Wölfe fielen einzelne Boote über die Herde der Handelsschiffe her und rissen ein Opfer nach dem anderen. Im Juni 1940 ließ Konteradmiral Dönitz in kurzen Abständen drei U-Bootgruppen auslaufen, vorübergehend standen bis

Bild oben: U 29 unter Kapitänleutnant Schuhart versenkt Anfang Juli 1940 einen griechischen Dampfer mit kriegswichtiger Ladung für England. Deutlich ist das Überwasser-Torpedorohr im Heck des U-Boots vom Typ VII A zu sehen.

Nur ein Drittel der verfügbaren Front-U-Boote stand normalerweise im Operationsgebiet, ein Drittel war auf dem An- oder Abmarsch, das letzte Drittel lag im Stützpunkt, wurde überholt oder neu ausgerüstet. Hier: Torpedo-Übernahme.

zu 19 Boote im Operationsgebiet. So wurde der Juni zum bisher erfolgreichsten Monat im Kampf gegen die feindliche Tonnage: 63 Schiffe mit 355431 BRT fielen allein den U-Booten zum Opfer, insgesamt erlitt die alliierten Schiffahrt einen Verlust von rund 600000 BRT - weit mehr, als zu dieser Zeit neugebaut werden konnte.

Erfolg oder Mißerfolg der Schlacht um den Atlantik ließen sich auf eine höchst einfache Formel bringen: Gelang es den Deutschen, mehr Schiffe zu versenken, als die Alliierten durch Neubauten ersetzen konnten, dann mußte Englands Kraft über kurz oder lang erlahmen. Der neuernannte britische Premierminister Churchill erkannte diese »Gefahr des Würgetodes«: »Das einzige«, schrieb er, »was mich während des Krieges wirklich beängstigte, war die Bedrohung durch die U-Boote ...«

Doch die U-Bootwaffe war vorerst viel zu schwach, um ihre Chance zu nutzen. Nach einer erfolgreichen Geleitzugschlacht mußten die Boote stets zurück in die Stützpunkte, um neu ausgerüstet zu werden. Der Atlantik war dann wie leergefegt von den Wolfsrudeln, und mehrere Konvois erreichten ungeschoren ihren Bestimmungsort.

Im U-Bootstab stellte man sich vor, was geschehen würde, wenn jetzt hundert Frontboote eingesetzt werden könnten ... oder gar die 300 Boote, die Dönitz beharrlich gefordert hatte, um England schlagen zu können. Vor dem Krieg war das U-Bootbauprogramm nur sehr schleppend angelaufen. Nach dem Z-

»Mit Bordmitteln« mußten viele Schäden, die auf langer Feindfahrt auftraten, behoben werden. Das galt für Arbeiten auf dem schmalen Deck genau so wie für Reparaturen in der Enge des U-Bootdruckkörpers.

Plan hatte der Schlachtschiffbau Vorrang, von ihm erwarteten Raeder und das Oberkommando der Marine große seestrategische Auswirkungen, während dem U-Boot geringe Chancen für die Zukunft gegeben wurden. Mit Kriegsausbruch wurde das Steuer herumgeworfen. Nun sollten plötzlich 29 U-Boote pro Monat gebaut werden, aber trotz aller Anstrengungen mußte es Jahre dauern, bis diese Zahl tatsächlich erreicht wurde.

Und der Krieg forderte eigene Verluste. In den ersten zwölf Monaten gingen 28 deutsche U-Boote verloren, die meisten auf Feindfahrt in Nordsee und Nordatlantik. Im selben Zeitraum kamen aber nur 28 neue Boote hinzu. In Wirklichkeit war die U-Bootwaffe sogar noch schwächer geworden als bei Kriegsbeginn. Von den 28 Neubauten gehörten zehn zu dem kleinen Bootstyp II, dessen Seeausdauer nicht für den Atlantik reichte. Auch ältere Typ II-Boote wurden aus der Front gezogen und den Ausbildungsflottillen zugeteilt. Denn was nützte die Produktion neuer Boote, wenn sie nicht von ausgebildeten Besatzungen übernommen werden konnten?

Bis zum Februar 1941 sank die Zahl der Frontboote, über die der B.d.U. verfügen konnte, auf den absoluten Tiefstand, auf 21 Boote. Einundzwanzig statt der dreihundert, die Admiral Dönitz brauchte, um Englands Zufuhr zu unterbinden. Die Hand zum Griff nach dem Atlantik wurde zwar ausgestreckt, doch sie besaß keine Kraft. Zudem organisierte sich jetzt die britische U-Bootabwehr. Der Kampf trat in eine neue, härtere Phase ein.

Über den stürmischen Nordatlantik, eine unendlich scheinende Wasserwüste, steuern U-Boote ihre befohlene Position an. - Hauptwaffe des Bootes sind die vier Bug-Torpedorohre im Mannschaftswohnraum. Die Kojen sind hochgeklappt, während Mechaniker Torpedos zum Nachladen der Rohre vorbereiten.

Tiefenrudergänger in der Zentrale des U-Boots. Sie hatten das Boot auf der befohlenen Tiefe zu halten, ganz gleich, welche äußeren Einflüsse auf die Stahlröhre einwirkten. - Notwendige Reparaturen an den Dieselmotoren mußten an Bord in qualvoller Enge ausgeführt werden (unten).

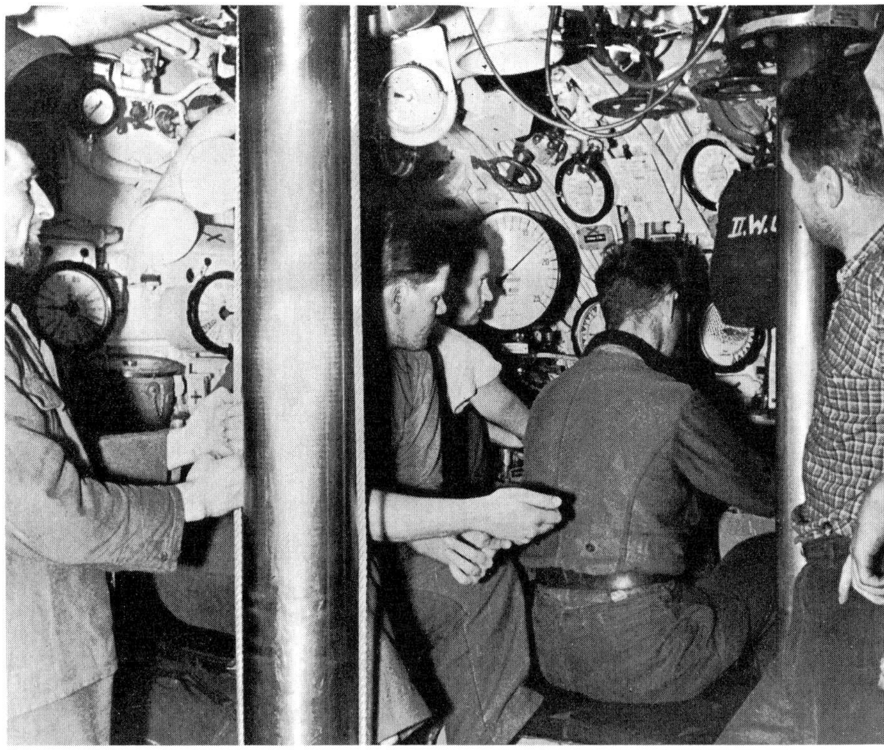

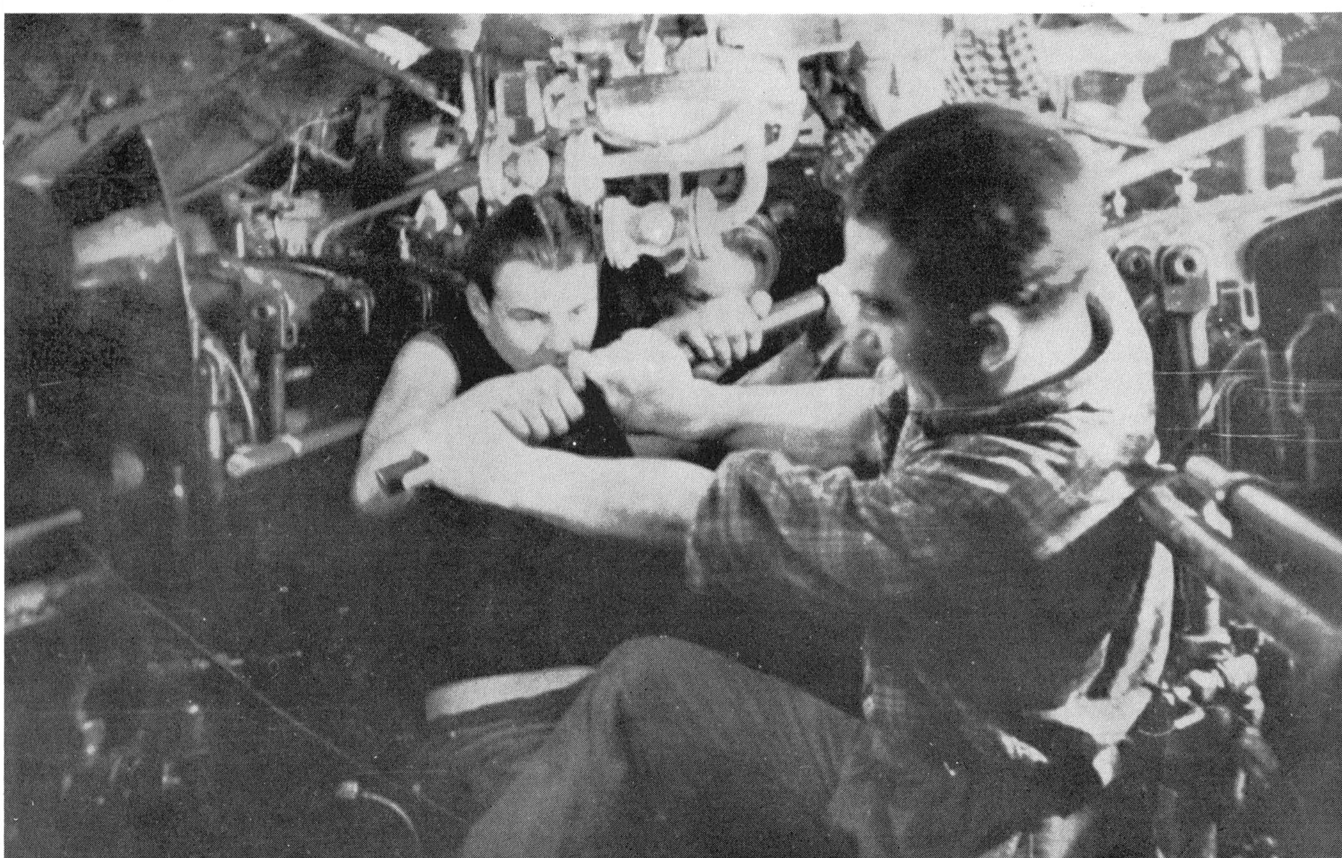

Der Kommandant, schon in Südwester und Ölzeug, nimmt noch einen Rundblick durch das Sehrohr, ob die Luft rein ist, bevor er den Befehl zum Auftauchen gibt. Das U-Boot muß auch bei grober See über Wasser marschieren, weil es nur dort mit Hilfe seiner Dieselmotoren schneller als ein Geleitzug fährt und sich in eine günstige Angriffsposition bringen kann.

Je mehr Boote der B. d. U. in einem Aufklärungsstreifen zusammenfassen konnte, desto eher bestand die Aussicht, auf einen Geleitzug zu treffen. Dann mußte Stunde um Stunde unermüdlich Ausguck gehalten werden, ob sich nicht eine Rauchwolke am Horizont zeigte. Nur zu oft blieb die Mühe unbelohnt.

U-Boote sind schlechte Aufklärer

Eines der Hauptprobleme der deutschen U-Bootwaffe bestand darin, die feindlichen Geleitzüge oder gar einzeln fahrende Schiffe bei der weiten Ausdehnung der Ozeane überhaupt zu finden. Dies wäre eine ideale Aufgabe für eine enge Zusammenarbeit zwischen Flugzeug und U-Boot gewesen. Doch hier rächte sich, daß die Marine keine eigenen Seeflieger besaß. Die wenigen vorhandenen Seefernaufklärer wurden von der Luftwaffe meist für andere Aufgaben eingesetzt. Selbst als es Admiral Dönitz Anfang 1941 für einige Zeit gelang, eine Fernkampfgruppe mit viermotorigen Focke-Wulf-Maschinen für gemeinsame Operationen mit seinen U-Booten zu gewinnen, war das angestrebte Zusammenwirken nicht in jedem Falle von Erfolg gekrönt. Später, als sich die Atlantikschlacht mehr und mehr von den europäischen Küsten entfernte, lag der Schauplatz für deutsche Flugzeuge, die sich ja auf das Festland stützen mußten, ohnehin weit außerhalb ihrer Reichweite.
Die U-Boote konnten sich also - abgesehen von generellen Hinweisen der deutschen Marine-Funkaufklärung üder das Auslaufen und den Generalkurs von Geleitzügen - ihre Angriffsziele nur selber suchen. Doch der Turm des aufgetauchten Bootes ragte nur etwa 5 Meter über die Wasserfläche empor. Wegen dieser geringen Augeshöhe waren U-Boote miserable Aufklärer. Es konnte geschehen, daß ein Konvoi in nur 20 Seemeilen Abstand passierte, ohne von den U-Bootwachen bemerkt zu werden, weil er für sie bereits unter dem Horizont lief.
Schärfster Ausguck war also die Voraussetzung jedes Erfolges. Dönitz verlangte nicht zuletzt deshalb größere U-Bootzahlen, um mehr »Augen« zu bekommen, um mehr Boote in Vorpostenstreifen ein Seegebiet »abharken« zu lassen und es dem Gegner dadurch zu erschweren, seine U-Boot-Aufstellungen Haken schlagend zu umgehen. Hatte ein U-Boot den Konvoi gesichtet, dann rief es durch Fühlunghaltermeldungen die anderen Boote seiner Gruppe herbei. Das Rudel sammelte sich, um, meist bei Nacht, seinen Angriff zu beginnen.

Je höher das Auge des Ausgucks, desto weiter der Sichtkreis des U-Boots. Hier dient das ausgefahrene Sehrohr als luftiger Beobachtersitz. Das Plus von 2 Meter Höhe konnte bis zu 5 Kilometer weitere Sicht bedeuten.

Ein Schuß hat Rohr II des U-Boots verlassen, der Maat im Bugraum meldet, daß der Torpedo »los« ist - und wenig später wird ein Tanker getroffen, explodiert und sinkt. Im Herbst 1940 entfesselten die U-Boote die ersten Geleitzugschlachten gegen eine wider Erwarten hilflose Abwehr. Doch das Blatt sollte sich bald wenden.

Dicht neben den Schiffbrüchigen reckt sich der U-Bootbug aus dem Meer, die Rettung ist nahe. - Nachts und über Wasser griffen die Boote an. Die Brandfackel eines getroffenen Tankers beleuchtet das Schlachtfeld.

Jubel bei der Heimkehr in den Stützpunkt, »Geburtstag« für die glückliche Besatzung. Bereits im ersten Kriegsjahr gingen 28 Boote verloren, ebensoviele, wie neue gebaut wurden.

Nach der ersten Wiedersehensfreude begann harte Arbeit. Der Kommandant erstattete dem B.d.U., Konteradmiral Dönitz, einen minuziösen Bericht über den Ablauf seiner Feindfahrt. Über jedes Ereignis, jede Feindberührung, jeden Torpedo wurde Rechenschaft abgelegt, bis der B.d.U. über die letzte Einzelheit im Bilde war. Die Fotos zeigen Oberleutnant z.S. Adalbert Schnee (rechts) und Oberleutnant z.S. Hans Jenisch (unten) beim Vortrag im U-Boothauptquartier.

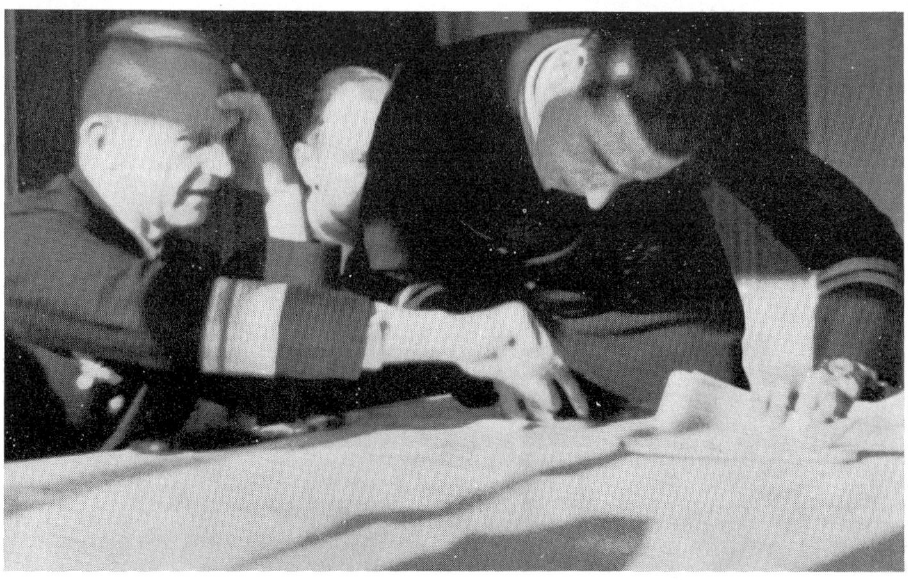

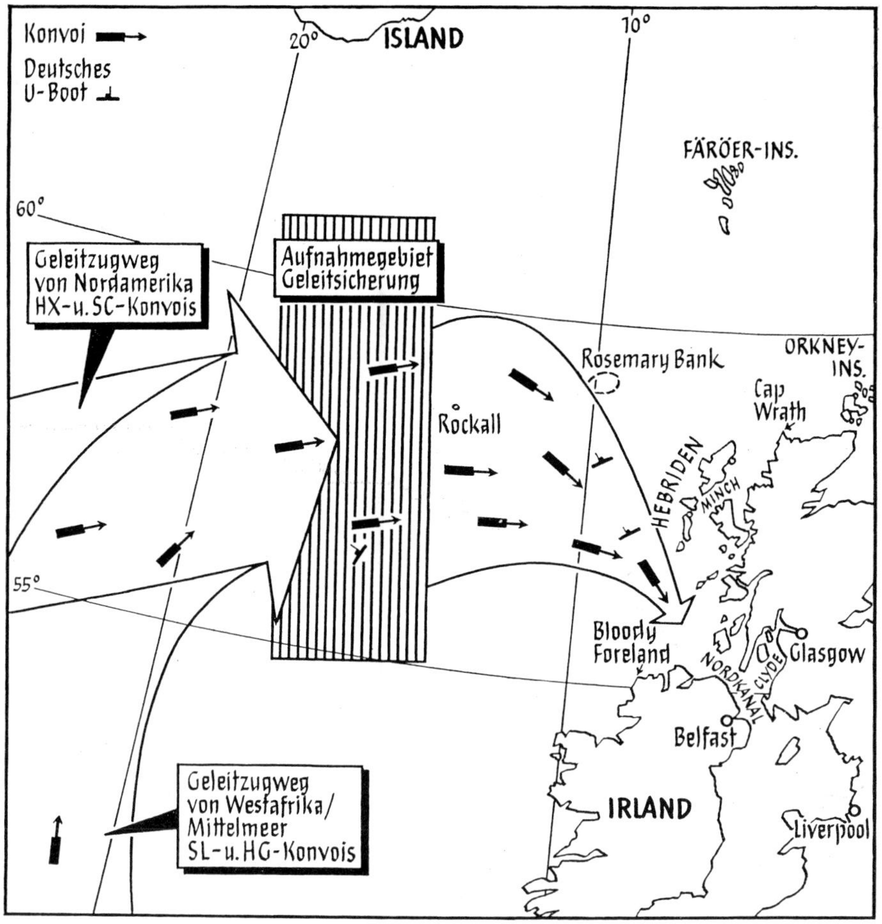

Die Karte (entnommen aus dem Werk »Verdammte See« von Cajus Bekker) zeigt die Bündelung des nach England laufenden Verkehrs vor dem Nordkanal. Hier lag das Operationsgebiet der U-Boote im Herbst und Winter 1940/41, hier fanden auch die ersten Geleitzugschlachten statt.

Im März 1941 schlug die britische U-Bootabwehr zurück. Mehrere Boote mit erfahrenen Kommandanten - darunter Prien (unten, mit Ölzeug), Kretschmer (hier bei Verleihung des Ritterkreuzes durch Großadmiral Raeder) und Schepke - gingen im Geleitzugkampf verloren. Admiral Dönitz gab das Operationsgebiet vor dem Nordkanal auf und zog die Boote weiter in den Atlantik hinaus.

Der „Seelöwe" springt nicht

Eine Episode am Rande blieb das Unternehmen »Seelöwe«, die vorbereitete Landung in England nach der Besetzung Frankreichs im Sommer 1940. Obwohl die Marine, mit ganz unzulänglichen Mitteln, eine »Invasionsflotte« zusammenstellte, warnte Großadmiral Raeder Hitler mehrmals eindringlich vor dem Wagnis: Eine Landung in England, gegen einen zum Letzten entschlossenen Feind, dem vor allem die Seeherrschaft nicht streitig zu machen war, konnte nicht als »erweiterter Flußübergang« angesehen werden, wie es das Heer zu bezeichnen beliebte. Hitler stimmte dem durchaus zu und befahl nur zögernd die Vorbereitung. Eine Landung sollte nur in Betracht gezogen werden, wenn die Luftherrschaft über Südengland errungen war, der Übergangsraum beidseitig durch dichte Minensperren gesichert werden konnte und wenn es gelang, die englische Flotte andernorts zu fesseln und vom Eingreifen abzuhalten. Das waren utopische Voraussetzungen, und so war Hitler froh, als er das Unternehmen wieder abblasen konnte. Tatsächlich beschäftigte er sich längst mit dem Angriff auf Rußland. Mit einem raschen Sieg im Osten wollte er Englands letzte Hoffnung auf eine Wendung des Kriegsglücks zunichte machen.

Pioniersturmboote im rauhen Seegang an der Kanalküste. Das Heer bezeichnete die geplante Landung in England nur als »erweiterten Flußübergang«. Die Marine warnte vor solchen Illusionen.

Skeptische Betrachter: Im Rheinhafen von Duisburg-Ruhrort wurden die Schleppkähne zusammengezogen und behelfsmäßig zu Landungsfahrzeugen umgebaut. Sie sollten von Schleppern über den Kanal gezogen werden…

Bald fanden überall an der deutsch-besetzten Kanalküste Verladeübungen statt. Mochten Fahrzeuge und Panzerspähwagen auch über die Bugrampen an Bord kommen - wie aber sollten sie im Abwehrfeuer an der Feindküste ausgeschifft werden?

Andere Prähme der »Invasionsflotte« sollten von Luftschrauben angetrieben über den Englischen Kanal fahren. Die in Bereitschaft liegenden britischen Zerstörerflottillen warteten nur darauf, diese zerbrechliche Armada in Grund und Boden zu schießen.

Ozeanischer Zufuhrkrieg

»Die Seekriegsleitung ist überzeugt davon, daß der Kriegsverlauf dazu berechtigt, geradezu von einer Wiedergeburt des Schlachtschiffes zu sprechen.« Dieser Satz findet sich in einer Denkschrift aus Raeders engstem Stab vom Juli 1940. Da der Krieg so gut wie gewonnen zu sein schien, machte sich die Skl Gedanken über den Aufbau der Flotte im Frieden. Nicht etwa die U-Bootwaffe - auf die man auch nicht verzichten wollte -, sondern Schlachtschiffe seien »Hauptträger der ozeanischen Kriegführung gegen die feindlichen Seeverbindungen«.

Da aber der Krieg durchaus noch nicht gewonnen war, konnten die Schlachtschiffe und die anderen schweren Überwasserstreitkräfte sehr bald den Beweis antreten, ob die These ihres Führungsstabes richtig sei. Ungewöhnlich günstig schienen die Voraussetzungen: Europas Küsten vom Nordkap bis zu den Pyrenäen in deutscher Hand - eine seestrategische Ausgangslage, wie sie noch vor wenigen Monaten nicht im Traum erhofft worden war. Was für die U-Boote galt, traf auf die schweren Schiffe erst recht zu. Sie brauchten nur noch einmal auslaufend die britische Blockade auf den nördlichen Seewegen zu durchbrechen. Waren sie erst im Atlantik, dann konnten sie sich jederzeit auf die französischen Stützpunkte zurückziehen. Der ozeanische Zufuhrkrieg mit Überwasserstreitkräften, auf den die Seekriegsleitung in Berlin alle Hoffnung setzte, nahm seinen Anfang.

Als erstes Schiff tauchte im November 1940 der schwere Kreuzer *Admiral Scheer,* eines der beiden noch vorhandenen ehemaligen Panzerschiffe, überraschend im Westatlantik auf. *Scheer* brach in einen schlecht geschützten Geleitzug ein, versenkte einige Schiffe und stiftete heillose Verwirrung im alliierten Konvoisystem. Nach diesem Erfolg setzte er sich zunächst nach Süden ab, um später an anderer Stelle aufzutauchen, zuzuschlagen und wieder zu verschwinden. Dieses Hit-and-run-System gab selbst einem an Zahl viel stärkeren Gegner Rätsel auf; er konnte nicht überall zugleich sein, um seine Schiffe gegen diese Überfälle zu schützen.

Einen Monat nach dem *Scheer* brach auch der schwere Kreuzer *Admiral Hipper* durch die stürmische Dänemarkstraße in den Nordatlantik aus. Das Schiff mußte mehrere Orkane abreiten, hatte Ausfälle in der Maschine, und ein Geleitzug wollte sich auch nicht zeigen. Am 1. Weihnachtstag stieß *Hipper* doch noch auf Beute, aber es war ein stark gesicherter Truppen-Konvoi, *Hipper* mußte das Gefecht abbrechen und lief - zum ersten Mal - in den Stützpunkt Brest ein.

Anfang Februar 1941 stieß *Hipper* wieder in den Atlantik vor und fiel auf der Höhe der Azoren über einen von Sierra Leone kommenden Konvoi her. Gleichzeitig nutzte der Flottenchef, Admiral Günther Lütjens, eine Schlechtwetterlage, um mit den Schlachtschiffen *Gneisenau* und *Scharnhorst* in den

Admiral Scheer *nahm im ersten Kriegsjahr wegen langer Werftliegezeit an keiner Operation teil. Das Bild zeigt* Scheer *nach dem Umbau zum schweren Kreuzer. Er sollte zum erfolgreichsten der deutschen pocket-battleships werden.*

Nordatlantik durchzubrechen. Lütjens sollte nicht nur Unruhe stiften, sondern er hatte den klaren Befehl, »nach England laufenden Schiffsraum« zu vernichten.
Damit traten die Überwasserstreitkräfte - zeitweise waren nun vier schwere Schiffe im Operationsgebiet - deutlich in Konkurrenz mit der U-Bootwaffe. Es ging um die höchsten Versenkungszahlen. Es ging um den Beweis, das Schlachtschiff sei »der Hauptträger der ozeanischen Kriegführung«. Freilich: Auch die Engländer gaben den wertvollen Konvois jetzt Schlachtschiffe zum Geleitschutz mit. Die deutschen Schiffe hatten Befehl, Gefechten mit gleichstarken Gegnern auszuweichen. So gelang Admiral Lütjens zunächst kein Erfolg, der zu Buche schlug. Er dehnte sein Operationsgebiet bis in den Mittelatlantik und vor die westafrikanische Küste aus. Erst Mitte März 1941 stießen die beiden Schlachtschiffe auf zahlreiche Einzelfahrer aus einem aufgelösten Geleitzug und versenkten 13 Schiffe. Mit diesem Erfolg steuerte der Flottenchef den neuen Stützpunkt Brest an. Wenige Tage später kehrten auch die Kreuzer *Hipper* und *Scheer* glücklich nach Deutschland zurück.
Ein großer Erfolg schien errungen. Und in der Ostsee warteten neue Schiffe nach abgeschlossener Ausbildung auf den ersten Einsatz: das 41700-ts-Schlachtschiff *Bismarck* und der jüngste schwere Kreuzer *Prinz Eugen*. Wenn sie auf dem üblichen Wege durch die Dänemarkstraße in den Atlantik ausbrachen und sich dort mit den aus Brest hinzustoßenden *Gneisenau* und *Scharnhorst* vereinigten, dann verfügte der Flottenchef im freien Atlantik über eine

Die Kanone auf dem Deck des englischen Handelsschiffes bot nur symbolischen Schutz gegen den plötzlich im Südatlantik auftauchenden deutschen »Raider«. Admiral Scheer *trat ein Jahr nach dem spektakulären Ende seines Schwesterschiffs* Graf Spee *ebenfalls als Handelsstörer fernab der Heimat auf und stiftete große Verwirrung unter der alliierten Schiffahrt.*

Wegen seines geringen Aktionsradius und seiner anfälligen Maschinenanlage wenig geeignet für eine weiträumige Ozeankriegführung: der Typ des schweren Kreuzers, hier die gleichwohl für solche Aufgaben eingesetzte Admiral Hipper.

Hinter einem Sperrbrecher, zum Schutz gegen Minen, läuft die Hipper *vom Stützpunkt Brest zu einem kurzen Vorstoß in den Atlantik aus. Die deutschen Schiffe stützten sich bei ihren Operationen auf ein Netz schwimmender Versorger, aus denen sie vor allem Treiböl ergänzten.*

Kampfgruppe, die so leicht keinen Gegner zu fürchten brauchte.

Diese für sie bedrohliche Entwicklung blieb den Engländern nicht verborgen. Sie taten das Nächstliegende: Der Stützpunkt Brest lag im Nahbereich ihrer Luftstreitkräfte - also griffen sie die dort eingedockten Schiffe aus der Luft an. Der erste 100-Bomber-Angriff in der Nacht vom 30. zum 31. März 1941 schlug fehl, doch schon im Morgengrauen des 6. April erhielt die *Gneisenau* im Hafenbecken von einem Tiefflieger einen schweren Torpedotreffer. Fünf Nächte später, im Dock, schlugen weitere vier Bomben in das Schiff.

Wenige Luftangriffe auf das eingenebelte und stark verteidigte Brest hatten also genügt, um die Pläne der Seekriegsleitung zu durchkreuzen. Die *Scharnhorst* wurde zwar vorerst nicht getroffen, aber eine mehrmonatige Maschinenreparatur hielt sie im Hafen fest. Was nützte die »einzigartige strategische Ausgangslage« durch die Stützpunkte an der französischen Atlantikküste, wenn die Luftgefährdung dieser von britischen Bombern leicht zu erreichenden Ziele nicht auszuschalten war?

Admiral Günther Lütjens, seit Juni 1940 Flottenchef, hielt sich wortgetreu an Raeders Weisungen für den Einsatz der schweren Schiffe. Lütjens bekannte, er wolle nach den Admiralen Boehm und Marschall nicht der dritte Flottenchef sein, der im Unfrieden mit der Seekriegsleitung wieder aus dem Amt scheide. Der Erfolg schien ihm zunächst rechtzugeben. Links sein Flaggschiff Gneisenau *während des Unternehmens »Berlin« im Februar 1941 in langer Atlantikdünung.*

Noch wußte niemand, daß der Höhepunkt des ozeanischen Zufuhrkrieges mit schweren Überwasserstreitkräften bereits überschritten war. Der Erfolg? *Gneisenau* und *Scharnhorst, Scheer* und *Hipper* hatten in den zurückliegenden Monaten 48 Schiffe mit zusammen fast 270000BRT versenkt oder aufgebracht. Das war ein Ergebnis, wie es die Handvoll deutscher U-Boote an den Geleitzügen nun Monat für Monat erzielte. Das Schlachtschiff, so stellte sich heraus, konnte doch nicht der Hauptträger des Kampfes gegen die feindlichen Seeverbindungen sein. Doch es bedurfte noch weiterer, dramatischer Ereignisse, ehe sich diese Erkenntnis durchsetzte.

Kriegswache an Bord der Scharnhorst *im Nordatlantik. Am Morgen des 8. Februar 1941 wird östlich Neufundland ein Geleitzug gesichtet, jedoch befehlsgemäß nicht angegriffen, weil das alte britische Schlachtschiff* Ramillies *den Konvoi schützt. Kampf mit einem gleichwertigen Gegner ist den deutschen Schiffen nicht gestattet.*

Auf langen Suchkursen stößt die Flotte in den Mittelatlantik und gerät in wärmere Breiten. Für die wachfreie Besatzung gibt es an Deck sogar ein Platzkonzert.

Eine im Zweiten Weltkrieg höchst seltene Begegnung: Vor der Küste Westafrikas stößt das U-Boot U 124 *auf die Schlachtschiffe. Es kommt zu einer gemeinsamen Konvoi-Operation, bei der sich* Gneisenau *und* Scharnhorst *im Hintergrund halten müssen, weil wieder ein britisches Schlachtschiff den Konvoi deckt.* U 124 *und* U 105 *greifen jedoch an und versenken mehrere Schiffe.*

Das Flottenflaggschiff Gneisenau *(oben) und ihre Schwester* Scharnhorst *(links) im Nordatlantik. Die Operation war als Test für die ozeanische Kriegführung mit schweren Seestreitkräften gedacht. Viele ähnliche Vorstöße sollten noch folgen, doch in Wirklichkeit war der Höhepunkt bereits überschritten. Bald mußte die Flotte den Atlantik wieder den U-Booten überlassen.*

Die Scharnhorst *eingedockt im neuen Stützpunkt Brest. Nach dem Atlantik-Einsatz war eine Maschinenreparatur unvermeidlich, die das Schiff für mehrere Monate festnagelte.*

Die Royal Air Force nutzte ihre Chance: Rechts eine Luftaufnahme der im Dock liegenden deutschen Schlachtschiffe. Darunter: Die ersten viermotorigen Bomber im Angriff auf die wertvollen Schiffsziele. Wegen ständiger Reparaturen konnten die Schiffe im Jahre 1941 nicht mehr eingesetzt werden.

Die erste und letzte Fahrt der Bismarck

Mit dem Einlaufen der Schlachtschiffe *Gneisenau* und *Scharnhorst* in Brest, mit der Heimkehr der schweren Kreuzer *Admiral Scheer* und *Hipper* nach Kiel war die erste Phase des ozeanischen Zufuhrkrieges erfolgreich abgeschlossen. Nun drängten Großadmiral Raeder und die Seekriegsleitung auf weitere Operationen dieser Art, um den Druck gegen die feindliche Versorgungsschiffahrt aufrechtzuerhalten. Trotz des Rückschlags durch den Ausfall der beiden Schlachtschiffe in Brest: Der Operationsplan für das nächste Atlantik-Unternehmen mit dem Decknamen »Rheinübung« stand schon fest. Flottenchef Günther Lütjens sollte mit zwei neuen Schiffen, dem Schlachtriesen *Bismarck* und dem schweren Kreuzer *Prinz Eugen,* den Erfolg seiner ersten Unternehmung wiederholen.

Sie glichen sich zwar äußerlich, ihre Silhuetten waren, besonders auf weite Entfernung, zum Verwechseln ähnlich - doch ansonsten waren *Bismarck* und *Prinz Eugen* in Größe, Kampfkraft, Ausdauer und Widerstandsfähigkeit zwei grundverschiedene Schiffe, die gemeinsam keinen homogenen Verband bilden konnten, wie es bei den Schwesterschiffen *Gneisenau* und *Scharnhorst* in idealer Weise der Fall gewesen war. Admiral Lütjens hätte daher lieber gewartet,

Am 1. April 1941 wurde die Besatzung des nach langer Kaperfahrt glücklich heimgekehrten schweren Kreuzers Admiral Scheer *von Marinechef Raeder persönlich begrüßt. Noch ahnte niemand, daß damit die Phase des ozeanischen Zufuhrkrieges mit schweren Überwasserschiffen bereits abgeschlossen war.*

Höhepunkt und Vollendung deutschen Schlachtschiffbaues: die 41700ts große Bismarck, *mit ihren acht 38-cm-Geschützen ein Bild geballter Kraft. Zwei Schiffe dieses Typs und sechs weitere von dem noch mächtigeren Typ H sollten Deutschlands Seemacht verkörpern.*

Ein schönes und schnelles Schiff, der schwere Kreuzer Prinz Eugen, *und doch vom Typ her wenig geeignet für lange Atlantik-Einsätze weitab von den eigenen Stützpunkten. Nur ein Netz von Versorgungsschiffen machte diese Fahrten möglich.*

bis auch das zweite Schiff vom *Bismarck*-Typ, die neue *Tirpitz,* ihre Gefechtsausbildung abgeschlossen hätte. Die beiden stärksten Schlachtschiffe der Welt unter seinem Kommando gemeinsam im Atlantik - das eröffnete gute Aussichten, den Zufuhrkrieg tatsächlich mit Erfolg fortzusetzen.

Der Oberbefehlshaber, Großadmiral Raeder, wollte jedoch nicht so lange warten. Die Pause in der Schlacht um den Atlantik hätte den Gegner gestärkt. Je weiter das Jahr 1941 fortschritt, desto kürzer wurden die Nächte, desto geringer die Chance, noch einmal wie im Januar unbemerkt in den Atlantik vorzustoßen. Es war auch nicht ausgeschlossen, daß Amerika in den Krieg eintreten und dadurch eine völlig neue Lage entstehen würde. Nein, das Unternehmen »Rheinübung« mußte sofort gestartet werden, wenn es nicht Gefahr laufen wollte, wegen zu großen Risikos ganz aufgegeben zu werden.

Am 18. Mai 1941 verließen *Bismarck* und *Prinz Eugen* den Ostsee-Stützpunkt Gotenhafen. Zwei Tage später passierten sie die dänischen Meerengen - und wurden bereits hier zum ersten Mal von britischen Agenten gesichtet. Am 21. Mai brachten britische Aufklärungsflugzeuge Luftaufnahmen der Schiffe mit, die im Korsfjord bei Bergen lagen und dort noch einmal ihr Treiböl ergänzten. Am 22. Mai waren die Schiffe aus dem Korsfjord verschwunden...

Die Britische Admiralität bot daraufhin alle verfügbaren Streitkräfte auf, um der deutschen Kampfgruppe den Ausbruch in den Atlantik zu verwehren. Die Aufklärungsstreitkräfte zur Überwachung der Island-Färöer-Enge und der Dänemarkstraße, der von den Deutschen bevorzugten nördlichen Durchfahrt zwischen Island und Grönland, wurden verstärkt. Ein Schlachtkreuzergeschwader und die Home Fleet selbst liefen aus, um die deutschen Schiffe zu stellen, wo immer sie ihren Durchbruch versuchten. Am Abend des 23. Mai sichteten die britischen Kreuzer *Suffolk* und *Norfolk* den Feind, wie erwartet, in der Dänemarkstraße, dicht vor der Eisgrenze. Ihre Funksprüche und Fühlunghaltermeldungen wurden auch auf der *Bismarck* mitgehört. Admiral Lütjens wußte also, daß er beschattet wurde. Als die *Norfolk* für wenige Minuten aus dem Dunst und den Schneeschauern heraus in Sicht kam, griff *Bismarck* sie mit der schweren Artillerie an. Aber die Engländer verschwanden wie ein Spuk und hielten außerhalb der Sichtweite mit ihren neuen Radargeräten Fühlung. Der deutsche Flottenchef wußte: Versteckspielen war aussichtslos, ein unbemerkter Durchbruch illusorisch. Sein Kurs und Standort waren der Royal Navy bekannt, der Feind konnte seine eigenen schweren Streitkräfte zum Gefecht heranführen.

In den Silhouetten ähnlich, aber grundverschieden in Größe und Kampfkraft, Ausdauer und Stehvermögen: der schwere Kreuzer Prinz Eugen *(obere Skizze) und das Schlachtschiff* Bismarck *bildeten die deutsche Kampfgruppe beim Unternehmen »Rheinübung«. Beide Schiffe waren im August 1940 in Dienst gestellt worden und warteten im Frühjahr 1941, eingefahren und mit ausgebildeter Besatzung, auf ihren ersten Einsatz.* Prinz Eugen, *von der Kieler Germania-Werft gebaut, war mit 14420ts der größte schwere Kreuzer der Kriegsmarine. Seine Turbinen leisteten 132000PS, der Kreuzer erreichte eine Höchstgeschwindigkeit von 34 Knoten; die Fahrstrecke betrug jedoch nur 6800 Seemeilen bei Marschfahrt. 1600 Mann Besatzung verfügten über folgende Waffen: acht 20,3-cm-Geschütze, zwölf 10,5-cm- und zwölf 3,7-cm-Flak, bis zu 28 2-cm-Flak und zwölf Torpedorohre.*

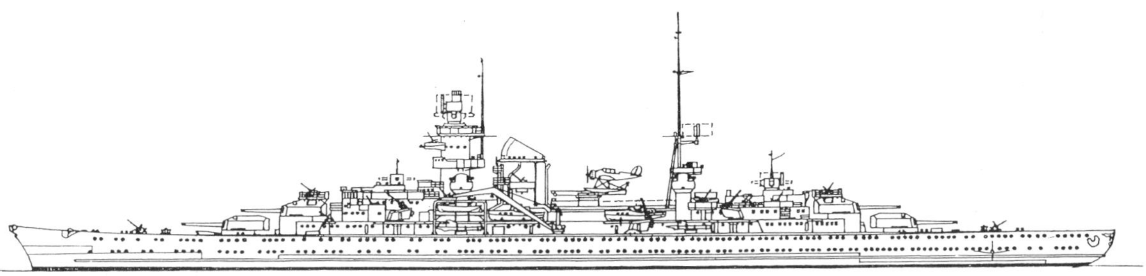

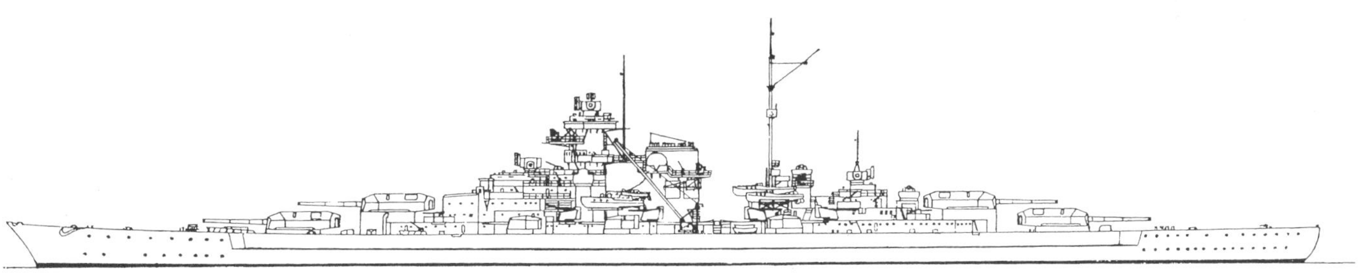

Die Bismarck, *bei Blohm & Voß in Hamburg gebaut, war bei 41700ts Standardverdrängung 251m lang und 36m breit. Auf ihrer ersten und letzten Feindfahrt waren, einschließlich des Flottenstabes, 2092 Mann an Bord. Das Schiff erreichte mit 150000PS über drei Schrauben eine Höchstgeschwindigkeit von 30 Knoten. Seine Waffen: acht 38-cm- und zwölf 15-cm-Schnellfeuerkanonen, und zur Luftabwehr je sechzehn 10,5-cm und 3,7-cm sowie zahlreiche leichte Flak. Sechs Flugzeuge wurden mitgeführt, die von einem Doppelkatapult starten konnten.*

Die achteren 20,3-cm-Türme von Prinz Eugen *feuern eine Salve. Im Gefecht gegen das britische Schlachtkreuzergeschwader erzielte die Artillerie des* Prinz *die ersten Treffer auf der mächtigen* Hood. *Der deutsche Kreuzer blieb unbeschädigt.*

So kam es in der Frühe des 24. Mai 1941 zu der kurzen, dramatischen Auseinandersetzung zwischen dem Schlachtkreuzergeschwader des Vizeadmirals Holland mit *Hood* und *Prince of Wales* und der *Bismarck*-Gruppe. Die Briten stießen im spitzen Winkel auf die Deutschen zu und konnten daher nur mit den vorderen Geschützen schießen, als sie um 05.53 Uhr das Feuer eröffneten. Anfangs herrschte auch Unklarheit, welches deutsche Schiff die *Bismarck* sei, und so verzettelten die Angreifer ihr Feuer, statt es auf den wichtigsten Gegner zu vereinen.
Zwei Minuten später gab auch Admiral Lütjens Feuererlaubnis. Die Entfernung betrug nur 15 Kilometer. Erste Treffer von den 20,3-cm-Granaten des *Prinz Eugen* auf *Hood!* Dann die entscheidende Salve der *Bismarck:* Volltreffer auf dem britischen Flaggschiff, Volltreffer in eine Munitionskammer: Die *Hood* flog in die Luft! Nur acht Minuten nach Beginn des Gefechts war der mächtige Gegner in den Fluten verschwunden. Die Deutschen nahmen nun Zielwechsel auf das zweite britische Schlachtschiff vor. Bereits um 06.02 Uhr schlugen die ersten Treffer in die *Prince of Wales.* Das Schiff war noch ganz neu, die Artillerie unerprobt, es schossen nur einzelne Rohre. Eine Minute später mähten Granatsplitter fast die gesamte Schiffsführung nieder. Benommen gab Captain Leach, selber verwundet, den Befehl abzudrehen. Er konnte nur noch versuchen, sich dem präzisen deutschen Feuer durch schnelles Ablaufen zu entziehen.

Auf Prinz Eugen *werden die Geschützrohre des Turms »Dora« gereinigt und schwere Granaten übernommen - Vorbereitung für den Einsatz.*

Der Flottenchef, Admiral Günther Lütjens, besichtigt vor dem Auslaufen zum Unternehmen »Rheinübung« die Besatzung von Prinz Eugen. *Hinter ihm der Kommandant des Kreuzers, Kapitän zur See Helmuth Brinkmann, und der I. Offizier, Fregattenkapitän Otto Stooß.*

Ein gepanzerter Koloß, 251 Meter lang und 36 Meter breit, von vielen für unsinkbar gehalten: die Bismarck. *Für den Beschauer des Bildes türmen sich über dem Bug der zweite 38-cm-Doppelturm »Bruno«, der Kommandostand, die Admiralsbrücke und der Vormarsstand für die leitenden Artillerieoffiziere.*

Nun aber geschah für die Engländer so etwas wie ein Wunder. Die Deutschen stießen nicht nach. Es lag in ihrer Hand, auch den schwer angeschlagenen zweiten Gegner zu vernichten, aber sie begnügten sich mit dem halben Erfolg. Der Flottenchef, Admiral Lütjens, stand im Banne seines Befehls, der ihm die Versenkung von Handelsschiffen zur Hauptaufgabe machte; Kriegsschiffe sollte er nur bekämpfen, wenn es unbedingt nötig und kein allzu großes Risiko damit verbunden sei ...

Zuvor waren die deutschen Überwasserschiffe stets unbemerkt in den Atlantik vorgestoßen, eine wesentliche Voraussetzung für ihr überraschendes Auftreten auf den Schiffahrtswegen. Die *Bismarck*-Gruppe aber wurde beschattet. Durch das Gefecht in der Dänemarkstraße war ihr Standort allen bekannt. Und die britischen Kreuzer hielten weiter Fühlung. Trotz dieser völlig verän-

derten Lage fühlte sich Admiral Lütjens an einen überholten Befehl gebunden. Und kein Funkspruch aus Berlin stellte ihm frei, angesichts der Ereignisse nach eigenem Ermessen zu handeln.
Die Royal Navy aber setzte nun alles daran, die *Bismarck* zu jagen, sie schließlich doch zu stellen und dadurch den Verlust der *Hood* wieder wettzumachen. Drei Tage lang dauerte diese Jagd, bis sie, schon aussichtslos scheinend, vom Erfolg gekrönt wurde. Drei Tage und Nächte voller Irrungen und Fehldeutungen und voller Zufälle auf beiden Seiten. Zunächst trennte sich die *Bismarck* von *Prinz Eugen;* der schwere Kreuzer sollte nicht an das Flaggschiff und sein Schicksal gefesselt bleiben. Die *Bismarck* verlor durch einen Treffer im Vorschiff Öl. Mit diesem Schaden konnte sie ohnehin nicht wochenlang im Atlantik operieren, sondern mußte versuchen, einen Stützpunkt anzulaufen. Doch sie

Auslaufen zum Unternehmen »Rheinübung«. Durch flaches Wasser marschiert die Bismarck *in Kiellinie hinter einem Sperrbrecher, zum Schutz gegen Minen. Aufnahme von Bord des im Kielwasser des Schlachtschiffs folgenden* Prinz Eugen.

fühlte sich unentrinnbar von den fühlunghaltenden britischen Kreuzern verfolgt. Der Flottenchef sah daher keine Gefahr, in langen Funksprüchen über das Gefecht mit *Hood* zu berichten.
In Wirklichkeit aber hatten die erschöpften Briten zu dieser Zeit die Fühlung verloren ... und fanden durch das Einpeilen der Funksprüche den Standort des Gegners wieder! Doch die Peillinien wurden auf dem Flaggschiff der Home Fleet, *King George V.*, falsch eingetragen, die Engländer jagten nun in verkehrter Richtung.
Zwei Nächte und einen Tag lang war die *Bismarck* verschwunden. Dann fand ein britisches Flugboot sie wieder, bereits weit im Süden, mit direktem Kurs auf die Biskaya. Die Home Fleet fuhr, scheinbar aussichtslos, hinterher. Nur eine aus Gibraltar herandampfende Kampfgruppe mit dem Flugzeugträger *Ark Royal* konnte dem deutschen Schlachtschiff noch den Weg verlegen. Und tatsächlich erzielten die Torpedoflugzeuge des Trägers, nachdem sie zuerst irrtümlich aber erfolglos den eigenen Kreuzer *Sheffield* angegriffen hatten, einen verhängnisvollen Treffer in die Ruderanlage der *Bismarck,* der das Schlachtschiff manövrierunfähig seinen Verfolgern auslieferte. Es sank nach heftigem Gefecht am 27. Mai 1941 gegen 10.40 Uhr und nahm fast 2000 Mann, darunter den ganzen Flottenstab, mit sich in die Tiefe. Nur 115 Soldaten wurden von englischen Schiffen gerettet.
Der schwere Kreuzer *Prinz Eugen* lief am 1. Juni unbehelligt in Brest ein. Mit dem Untergang des Flottenflaggschiffs *Bismarck* aber endete die kurze Phase des ozeanischen Zufuhrkrieges mit Überwasserstreitkräften. So sehr Großadmiral Raeder auch drängte - Hitler ließ sich auf einen so riskanten Einsatz der großen Schiffe nicht noch einmal ein.

Letzte Ölergänzung vor dem Durchbruch in den Atlantik im norwegischen Korsfjord bei Bergen. Hier wurde die Bismarck *von britischer Luftaufklärung erfaßt - und einen Tag später ihr Auslaufen festgestellt.*

An der Eisgrenze entlang, in Dunst, Schneeschauern und manchmal im dichten Nebel, marschiert die deutsche Kampfgruppe durch die Dänemarkstraße zwischen Island und Grönland. Als Orientierungshilfe für den dichtauf folgenden Kreuzer hat die Bismarck *einen Scheinwerfer nach achtern gerichtet.*

Seit dem 23. Mai abends fuhr Prinz Eugen *auf Befehl des Flottenchefs vor der* Bismarck. *Das führte am nächsten Morgen zu einer falschen Zielansprache bei den Engländern. Auf* Hood *verwechselte man die beiden deutschen Schiffe und richtete das Feuer zunächst gegen den deutschen Kreuzer.*

Erneuter »Nummernwechsel« nach dem Gefecht in der Dänemarkstraße: Die Bismarck *setzt sich wieder an die Spitze. Nach Treffern von* Prince of Wales *liegt das Vorschiff deutlich tiefer im Wasser. Außerdem zieht das deutsche Flaggschiff eine Ölspur hinter sich her. Der Flottenchef beschließt, den Stützpunkt Brest anzusteuern.*

Eines der berühmtesten Fotos des Zweiten Weltkrieges: Schlachtschiff Bismarck *feuert im Gefecht mit der* Hood *eine Breitseite. Bereits sechs Minuten nach der Feuereröffnung erhielt die* Hood *Volltreffer in die Munitionskammern und flog in die Luft. Der Sieger überlebte nur drei Tage. Dann wurde auch die* Bismarck *von der britischen Flotte gestellt und vernichtet.*

Der Kanaldurchbruch

Der Schock, den der unerwartete Verlust des Schlachtschiffs *Bismarck* bei der deutschen Führung hervorrief, trübte das Verhältnis zwischen Hitler und dem Oberbefehlshaber der Marine. »Während er mir bis dahin im allgemeinen freie Hand gelassen hatte«, erinnerte sich Raeder, »wurde er jetzt sehr viel kritischer und bestand mehr auf seinen eigenen Ansichten als vorher.« Einige Monate später kam es über die Frage, was nun mit den schweren Seestreitkräften geschehen solle, zu einer ersten harten Auseinandersetzung.
Inzwischen war die Lage in dem stark luftgefährdeten Brest von Monat zu Monat unhaltbarer geworden. Nicht nur die *Gneisenau* hatte ihren schweren Torpedotreffer zu reparieren. *Prinz Eugen,* der die ganze *Bismarck*-Unternehmung ohne Schaden überstanden hatte, wurde in der Nacht zum 2. Juli 1941 von einer schweren Bombe getroffen, die bis in die Artillerie-Rechenstelle durchschlug und 60 Mann tötete. Das Schiff fiel bis zum Jahresende aus. Die *Scharnhorst* schließlich hatte gerade ihre Maschinenreparatur beendet, da wurde auch sie in La Pallice von fünf Bomben erneut außer Gefecht gesetzt.

Ein dicht »verschleiertes« Schlachtschiff: Die stete Bombendrohung in den französischen Atlantikhäfen zwang die Marine, ihre wertvollen Schiffe - hier die Scharnhorst *- unter Tarnnetzen zu verstecken.*

Auch Prinz Eugen *gleicht unter der Tarnung eher einem Geisterschiff. Bombenschäden und Reparaturen hielten die Flotte, die mit großen Erwartungen nach Brest verlegt worden war, im Hafen fest. Raeder wollte sie im Atlantik einsetzen, aber Hitler entschied sich dagegen.*

Noch ein Jahr zuvor hatte die Seekriegsleitung die »einzigartige strategische Ausgangslage« gefeiert, die durch die Stützpunkte an der französischen Atlantikküste geboten wurde, und große Erwartungen damit verknüpft. Aber nun gelang es trotz aller Anstrengungen nicht, die Stützpunkte gegen die immer heftigeren Luftangriffe sicher zu machen; damit war den Schiffen die notwendige Basis für ihre Operationen im Atlantik entzogen.
Freilich, Großadmiral Raeder und sein Stab wollten das noch nicht wahrhaben. Mitte November 1941 meldete der Marinechef im Führerhauptquartier, die Schiffe seien im Februar 1942 bereit, wieder in den Atlantik auszulaufen. Hitler, inzwischen tief in den Rußlandkrieg verstrickt, ging nicht darauf ein. Zu Raeders Überraschung wollte er wissen, ob es möglich sei, die Schiffe durch den Kanal in die Heimat zurückzuführen. »Unmöglich«, urteilten Raeder und die Seekriegsleitung. Dennoch kam Hitler in den folgenden Wochen mehrmals darauf zurück. Er hielt die europäische Nordflanke für bedroht. Wenn die Engländer sich in Norwegen festsetzten, könne das von kriegsentscheidender

12. Februar 1942: Das Unternehmen »Cerberus« läuft, die Flotte marschiert in Kiellinie durch den Englischen Kanal, begleitet von sichernden Zerstörern und Torpedobooten. Das Unternehmen war gegen den Willen und gegen die Warnungen der Seekriegsleitung von Hitler befohlen worden.

Bedeutung sein. Zur Abwehr einer solchen Invasion brauche er die deutsche Flotte, vor allem die schweren Schiffe. Und deshalb müßten sie aus Brest zurückgezogen werden: »Am besten«, betonte Hitler, »völlig überraschend durch den Kanal!« Ginge das nach Meinung der Marine nicht, dann müßten die Schiffe außer Dienst gestellt werden, um wenigstens die Geschütze und die Besatzungen zu retten.
Trotz dieser schockierenden Alternative blieb Großadmiral Raeder bei seiner Ablehnung. »Die Rückführung der Brest-Streitkräfte durch den Kanal«, beschwor er Hitler noch am 8. Januar 1942, »wird mit hoher Wahrscheinlichkeit zu Totalverlusten oder zumindest schweren Beschädigungen führen ...« Der Kanaldurchbruch wurde dennoch befohlen - und wurde zu einer der bestvorbereiteten und bestkoordinierten Operationen der deutschen Wehrmacht im Zweiten Weltkrieg.

★

Obwohl die Engländer über die Bereitschaft der deutschen Schiffe genau im Bilde waren und sogar einen Marsch durch den Kanal und die Straße von Dover erwarteten, gelang es dennoch, sie zu überraschen: durch einen taktischen Schachzug - und durch viel Glück.
Der Schachzug: Entgegen allgemeiner Erwartung, der Durchbruchsverband werde versuchen, den gefährlichsten Teil der Strecke im Schutze der Nacht zu passieren, wurde der deutsche Zeitplan so angelegt, daß die Schiffe am hellichten Tage, um die Mittagsstunde, in Sichtweite der englischen Küste vorbeifuhren. Es schien wichtiger, daß sie Brest bei Dunkelheit verließen, damit sie nicht von vornherein gesichtet und gemeldet wurden und der Feind sich auf ihren Empfang vorbereiten konnte. Die Überraschung, so hoffte man, werde die Engländer lähmen, wenn die Schiffe zu einer Zeit vor ihrer Küste auftauchten, zu der sie niemand erwartete.
Das Glück: Die Radarkontrolle der Auslaufwege durch britische Luftaufklärer, ein ausgeklügeltes System gerade für die Stunden der Dunkelheit, fiel in der entscheidenden Nacht durch Pannen aus! Blieb noch das Problem,

Stunde um Stunde bewegte sich der Flottenverband auf die Straße von Dover zu, ohne daß die Engländer sich rührten. Sie hatten wohl mit dem Kanaldurchbruch der Deutschen gerechnet, nicht aber zu diesem Zeitpunkt. Die Begleitschutz fliegende Luftwaffe - oben Zerstörerflugzeuge - hatte Anweisung, tief zu fliegen, um das britische Radar zu täuschen. Dennoch waren die vielen Flugzeugechos das erste Anzeichen, daß sich im Kanal Ungewöhnliches ereignete.

Der schwere Kreuzer Prinz Eugen *in voller Abwehrbereitschaft. Die schwere Flak hat gerade einen englischen Bombenangriff abgeschlagen. Die 2-cm-Vierlinge auf der Back und dem Geschützturm »Bruno« warten auf Tiefflieger, die den äußeren Sperrgürtel der Flak durchbrechen könnten. Allein der Kreuzer feuerte während des Kanalmarsches mehr als 5000 Schuß Flakmunition aller Kaliber.*

wie die gewiß zahlreichen Verbindungsleute des feindlichen Nachrichtendienstes in Brest über das Auslaufen der Schiffe im Ungewissen gehalten werden konnten.

Am Abend des 11. Februar 1942 herrschte Fliegeralarm in Brest. Wie üblich, wurde der Hafen gegen Sicht aus der Luft künstlich eingenebelt. Gegen 23 Uhr, der Alarm war noch nicht aufgehoben, lösten sich die Schiffe im wallenden Nebel von den Liegeplätzen und liefen heimlich aus. Voran die *Scharnhorst* mit dem Befehlshaber des Verbandes, Vizeadmiral Otto Ciliax, dann die *Gneisenau* und als drittes Schiff *Prinz Eugen.* Begleitet von sechs Zerstörern, zu denen im Laufe der Fahrt noch zahlreiche Torpedoboote, Minensucher, Räum- und Schnellboote stoßen sollten. Unbemerkt, wie er Brest verlassen hatte, passierte der Verband im Laufe der Nacht die Kanalinseln und Cherbourg. Als der Morgen graute, lief er bereits in der Seinebucht und stieß mit hoher Marschfahrt weiter nach Nordosten vor. Von nun an übernahmen drei deutsche Jagdgeschwader, die sich gegenseitig ablösten, den Schutz der Schiffe aus der Luft.

★

Es wurde 9 Uhr, 10 Uhr, 11 Uhr - unheimlich, daß sich nichts rührte. Erst der ab 10 Uhr einsetzende Störeinsatz gegen die englischen Küstenradarstationen machte den Gegner darauf aufmerksam, daß im Kanal eine außergewöhnliche Operation stattfand. Und dann wurden immer Flugzeuge geortet, die offenbar über Schiffen kreisten, die sich mit hoher Geschwindigkeit fortbewegten...
Auf der Insel wußte niemand diese präzisen Angaben richtig zu deuten. Als

Blick von der Admiralsbrücke auf das Vorschiff von Prinz Eugen, *das sich im Kielwasser des Vordermanns seinen Weg bahnt. Der Verband jagt mit hoher Marschgeschwindigkeit von 28 Knoten durch das gefährdete Seegebiet. Auf der Schiffsbrücke und den leichten Flakständen herrscht gespannte Aufmerksamkeit. Außer der Flak griff auch die schwere Artillerie in das Abwehrfeuer ein, als britische Zerstörer versuchten, zum Torpedoangriff an den Verband heranzukommen.*

Dramatischer Augenblick während des Kanaldurchbruchs: Die Scharnhorst *hat vor der Scheldemündung einen Minentreffer erhalten und bleibt bewegungslos liegen. Die anderen Schiffe passieren das Flaggschiff, das für eine Viertelstunde nicht einmal Strom für seine Waffen liefern kann. Aber der Gegner greift in dieser Zeit nicht an. Nach zwanzig Minuten harter Arbeit fahren die Kessel langsam wieder an. Eine halbe Stunde nach dem Treffer jagt die* Scharnhorst *mit voller Kraft dem Verband nach.*

schließlich zwei *Spitfire*-Aufklärer die Deutschen mit eigenen Augen entdeckten und meldeten, war es bereits kurz vor Mittag. Und es dauerte nochmals eineinhalb Stunden, bis die Engländer aus ihrer Lähmung erwachten.

Zuerst schoß die Fernartillerie von Dover herüber; aber die Schiffe liefen schon an der Grenze ihrer Reichweite. Dann griffen sechs Torpedoflugzeuge an; sie wurden alle abgeschossen. Dann Schnellboote. Bomber. Zerstörer. Sie drangen nicht durch die tiefgestaffelte Sicherung. Endlich, um 15.28 Uhr, geschah, was den Erfolg des Unternehmens doch noch gefährden konnte. In Höhe der Scheldemündung lief das Flaggschiff *Scharnhorst* auf eine Magnetmine und blieb bewegungslos liegen! Der Verband rauschte vorbei, der Admiral stieg auf einen Zerstörer über. Doch eine halbe Stunde nach dem Treffer war der Schaden behoben, die *Scharnhorst* nahm wieder Fahrt auf und jagte den anderen Schiffen nach. In der Nordsee erhielten beide Schlachtschiffe nochmals einen Minentreffer, der sie aber nicht mehr aufhalten konnte.

Der Kanaldurchbruch endete mit einem großen taktischen Erfolg. Niemand konnte jedoch übersehen, daß die Flotte mit der Räumung der französischen Stützpunkte bereits den strategischen Rückzug angetreten hatte.

Die Scharnhorst *hat es geschafft! Frohe Gesichter der Soldaten beim Einlaufen in Wilhelmshaven. In England wurde der erfolgreiche Kanaldurchbruch des deutschen Verbandes als Niederlage empfunden.*

Der Kanaldurchbruch konnte nur gelingen, weil zahlreiche Minensuch- und Minenräumflottillen wochenlang unermüdlich den ganzen Weg, den die Schiffe nehmen mußten, nach Minen abgesucht hatten. Unten eine Räumflottille auf dem Weg zum Einsatz.

Schwerer Kreuzer Prinz Eugen

Prinz Eugen, das »glückhafte Schiff«, das nicht nur die Atlantik-Operation, sondern auch den Rückmarsch durch den Kanal unbeschadet überstanden hatte, wurde bereits wenige Tage später zusammen mit Admiral Scheer *nach Norwegen in Marsch gesetzt. Britische Aufklärer erfaßten den Verband, der darauf mehrmals aus der Luft angegriffen wurde - ohne Erfolg. Am 23. Februar 1942 jedoch traf das britische Unterseeboot* Trident *vor Drontheim* Prinz Eugen *mit einem Torpedo: Das Heck des Kreuzers knickte ab, das Schiff konnte aber mit eigener Kraft nach Drontheim einlaufen. Dort wurde das Heck abgedichtet und ein Notruder angebracht (Bild oben). Zur Reparatur mußte* Prinz Eugen *nun wieder in die Heimat verlegen. Da inzwischen auch die* Gneisenau *in Kiel einen schweren Bombentreffer erhalten hatte, waren alle drei Schiffe des geglückten Kanaldurchbruchs zur Zeit nicht mehr einsatzbereit.*

Alternative Mittelmeer

Bereits im September 1940 wies Marinechef Raeder auf die entscheidende Bedeutung hin, die das Mittelmeer für den Kampf gegen England besaß. Für ihn war die Eroberung des Mittelmeerraums die Alternative zu dem von Hitler geplanten Überfall auf die Sowjetunion. Die Italiener waren zu schwach, sich in ihrem eigenen Meer gegen die Royal Navy zu behaupten. Von Gibraltar und Alexandria aus versorgten die Briten u.a. mit Flugzeugträgern (rechte Seite) die Inselfestung Malta, die wie ein Stein auf dem Wege von Italien nach Nordafrika lag. Im Herbst 1941 wurde die Lage im Mittelmeer für die Achse so unhaltbar, daß deutsche U-Boote durch die Straße von Gibraltar in dieses für sie neue Operationsgebiet eindringen mußten.

Deutsche U-Boote führten sich mit großem Erfolg im Mittelmeer ein. Vor Gibraltar versenkte U 81, *Kapitänleutnant Guggenberger, den britischen Flugzeugträger* Ark Royal *(oben), vor Nordafrika* U 331, *Oberleutnant z.S. v. Tiesenhausen, das Schlachtschiff* Barham. *Der Träger* Eagle *(unten) sank im August 1942 durch Torpedos von* U 73, *Kapitänleutnant Rosenbaum.*

Dieser Zerstörer vom englischen H-Typ fuhr im Mittelmeer unter deutscher Flagge: die Hermes, *1939 in Glasgow für die griechische Marine gebaut, wurde im März 1942 von Fregattenkapitän Rolf Johannesson in Salamis in Dienst gestellt.* Hermes *fuhr Geleitschutz und U-Bootjagd in der Ägäis und sicherte Transporte nach Nordafrika.*

Gegen Englands Lebensadern

Trotz Rammstoß heimgekehrt: U46, *Kapitänleutnant Endraß, wäre fast von einem seiner Opfer mit in die Tiefe gerissen worden. In der Jahresmitte 1941 dehnte Admiral Dönitz das Operationsgebiet von der Grönlandküste bis zur Gibraltar-Route und nach Westafrika aus. Der Kampf gegen Englands Lebensadern wurde nun allein von den U-Booten ausgetragen. Auch italienische Boote (linke Seite) beteiligten sich am Tonnagekrieg.*

Einer der erfolgreichsten deutschen U-Boot-Kommandanten, Kapitänleutnant Herbert Schultze, gratuliert seinen Soldaten zur Auszeichnung. Schultze stellte im April 1939 das neue Typ VII A-Boot U 48 in Dienst und führte es, mit einer Unterbrechung, bis Ende Juni 1941, als das Boot aus der Front gezogen wurde (unten). In dieser Zeit versenkte allein U 48 ein Geleitfahrzeug und 51 alliierte Schiffe mit 310 000 BRT - der bei weitem größte Erfolg eines einzelnen U-Boots im Zweiten Weltkrieg.

Nach dem absoluten Tiefstand im Februar 1941 - Dönitz verfügte in diesem Monat nur über 21 Frontboote – begann die Zahl der einsatzbereiten Boote schnell zu steigen, das forcierte U-Bootbauprogramm wirkte sich jetzt aus. In der Ostsee wurden neue Besatzungen geschult (links die Mitglieder eines Kommandanten-Lehrgangs) wurden die neuen Boote rund fünf Monate lang eingefahren und ausgebildet, bevor sie einer der Frontflottillen zugeteilt wurden.

Ein U-Boot läuft zur Feindfahrt aus, der Sperrbrecher geleitet es durch die minengefährdeten Küstengewässer. Die Boote standen mit ihrer Befehlsstelle an Land über Funk in Verbindung, sie hatten sich regelmäßig zu melden. Blieb die Meldung, trotz Nachfrage, mehrere Tage aus, dann mußte mit dem Verlust des Bootes gerechnet werden. Bei anderen vereinten sich Können und Glück: Sie kehrten trotz schwerster Beschädigungen immer wieder nach Hause zurück. So U 333 (rechts), das dreimal gerammt wurde und dreimal überlebte.

Paukenschlag vor Amerika

Nach dem Kriegseintritt Amerikas im Dezember 1941 eröffnete sich den U-Booten ein ganz neues Operationsgebiet. Die Schiffahrt vor der US-Küste lief fast wie im Frieden, ohne Konvoisystem und mit ungeübter Abwehr. Daher erzielten die wenigen großen U-Boote vom Typ IX, die auf diesen neuen Kriegsschauplatz entsandt werden konnten, außergewöhnliche Erfolge: Von Januar bis Juli 1942 sanken hier 460 Schiffe mit 2,3 Millionen BRT, darunter besonders viele Tanker (unten).

Rund drei Wochen brauchten die U-Boote, um zu den weit entfernten Operationsgebieten vor der amerikanischen Küste und in der Karibischen See zu kommen. Die meisten Boote waren auf dem An- und Abmarsch, für das Operationsgebiet blieb ihnen nur wenig Zeit und Fahrstrecke. Das änderte sich mit den ersten U-Tankern, den »Milchkühen« vom Typ XIV, die 432 Tonnen zusätzliches Dieselöl an die Frontboote abgeben und ihre Seeausdauer um mehrere Wochen verlängern konnten. In den »Versorgungsgebieten« in freier See wurden auch Torpedos an die Frontboote abgegeben. Hoch aus dem Wasser ragend kehrt ein U-Tanker nach der Versorgung in seinen Stützpunkt zurück (rechts unten). Die hier gezeigte Versorgung war natürlich nur in Seegebieten möglich, die vom Feind noch nicht aus der Luft überwacht werden konnten. Dieses »air gap« schloß sich durch den Einsatz von Langstreckenflugzeugen immer mehr. Ab 1943 waren die U-Boote nirgendwo im Nordatlantik mehr sicher.

Begegnungen auf hoher See wurden von Jahr zu Jahr seltener. Meist sahen sich die Boote einer zusammen operierenden U-Bootgruppe nicht, sie wußten nur durch ihre Funksprüche voneinander. Daß die Besatzung im Meer baden konnte, war 1942 nur noch in abgelegenen Seegebieten (unten: Südatlantik) möglich.

Aus der Luft überrascht und direkt angegriffen: Vom Frühjahr 1942 an mehrten sich diese unheimlichen Überfälle vor allem in der Biskaya. Durch die geschlossene Wolkendecke hindurch, später sogar bei Nacht, flogen britische Maschinen direkt an und waren schon über ihnen, ehe sie tauchen konnten. Bald stand fest: Der Gegner ortete die U-Boote mit einem speziellen Seeziel-Radar. Der Kampf auf See wurde mehr und mehr vom Einsatz der Hochfrequenzwaffen bestimmt.

Luftangriffe hatten die deutschen Schlachtschiffe und Kreuzer aus den Stützpunkten am Atlantik vertrieben. Nicht so die U-Boote. Für sie wurden mächtige Betonbunker gebaut, die allen Bomben trotzten. Rechts: Korvettenkapitän Erich Topp läuft mit U 552 nach glücklicher Heimkehr in einen Bunker ein. Unten: Ein von Feindfahrt kommendes Boot wird begrüßt. Bis 1944 ging trotz schwerster Bombenangriffe kein U-Boot in den Atlantikhäfen verloren.

Eine ungewohnte Perspektive: der tropfenförmige Bootskörper mit schlankem Bug und vorderen Tiefenrudern. Selbst Reparaturen, die ein Eindocken des U-Boots erforderten, konnten in den Bunkern der Atlantikstützpunkte ausgeführt werden.

Schlachtschiff Tirpitz

Die Tirpitz, *auf der Kriegsmarinewerft Wilhelmshaven gebaut, war in Konstruktion und Aussehen ihrem Schwesterschiff* Bismarck *sehr ähnlich, besaß aber mit 42 900 ts eine größere Wasserverdrängung. Sie konnte auch mehr Treiböl bunkern und verfügte daher über eine um rund 900 Seemeilen größere Fahrstrecke als ihr Schwesterschiff - Eigenschaften, die sie gegen einen Gegner auf See niemals verwerten konnte. Das Bild aus dem Dock (rechte Seite) gibt einen Eindruck von den mächtigen Schrauben und dem über 5 Meter hohen Ruder des Schlachtschiffes.*

Das größte deutsche Schlachtschiff, die 42 900 ts große *Tirpitz,* hat ihre Kräfte nie mit einem Gegner in See messen können. Ein Erfolg, wie ihn noch das Schwesterschiff *Bismarck* vor seinem Untergang erzielte, blieb ihr versagt. 1941 hatte der Flottenchef, Admiral Günther Lütjens, erwogen, mit dem Auslaufen der *Bismarck* zu warten, bis auch die *Tirpitz* mit in den Atlantik vorstoßen könnte. Beide Schiffe zusammen hätten eine Feuerkraft besessen, der so leicht kein Gegner gewachsen war. Doch Großadmiral Raeder hatte darauf bestanden, daß das Unternehmen »Rheinübung« im Mai 1941 anlief, und zu diesem Zeitpunkt hatte die Besatzung der Ende Februar 1941 in Dienst gestellten *Tirpitz* erst knapp zwei Monate Gefechtsausbildung hinter sich. *Tirpitz*-Kommandant Kapitän zur See Karl Topp hielt sein Schlachtschiff dennoch für einsatzbereit und schlug dem Flottenchef vor, seine Kampfgruppe durch die Mitnahme der *Tirpitz* zu verstärken. Daraus aber wurde nichts, die Seekriegsleitung wollte ihr zweites Superschlachtschiff später im Jahr in den Atlantik schicken.

Als die *Bismarck* gesunken war, verweigerte Hitler seinem Marinechef die Zustimmung zu jedem weiteren Atlantikvorstoß mit schweren Seestreitkräften. Statt den ozeanischen Zufuhrkrieg fortzusetzen, mußten die *Tirpitz* und der schwere Kreuzer *Admiral Scheer* Anfang 1942 nach Drontheim in Norwegen verlegt werden, um eine imaginäre, von Hitler befürchtete englische Invasion an der Nordflanke Europas abzuwehren. Das war der Beginn der deut-

schen Kampfgruppe in Nordnorwegen, jener »fleet in being«, die allein durch ihr Vorhandensein einen strategischen Druck auf den wichtigen Nachschubweg durch das Nordmeer nach Rußland ausübte. Die Engländer waren gezwungen, ihren Geleitzügen im Nordmeer, den sogenannten PQ-Konvois, ebenfalls schwere Seestreitkräfte zum Schutz gegen einen möglichen Angriff der deutschen Kampfgruppe zuzuordnen.

Tatsächlich lief die *Tirpitz* mit Vizeadmiral Otto Ciliax an Bord am 6. März 1942 aus Drontheim aus, um den von einem Fernaufklärer gesichteten Konvoi PQ 12 anzugreifen. Aber ihre Absicht blieb nicht verborgen, das vor der Küste stationierte britische U-Boot *Seawolf* meldete die *Tirpitz* auf Nordkurs. Für die Engländer bot sich nun die Gelegenheit, das deutsche Schiff mit einer überlegenen Kampfgruppe zu stellen und ihm das gleiche Schicksal zu bereiten wie der *Bismarck*. Für dieses Ziel bot die Home Fleet drei Schlachtschiffe und einen Flugzeugträger auf. Das wiederum blieb der deutschen Funkaufklärung nicht verborgen. Befehlsgemäß brach die *Tirpitz* ihren Vorstoß ab und befand sich am 9. März bereits auf dem Rückmarsch, als sie doch noch von den Torpedoflugzeugen der *Victorious* eingeholt und angegriffen wurde.

In einem furiosen Abwehrgefecht von nur acht Minuten Dauer wich die *Tirpitz* allen Torpedos aus und schoß mehrere Angreifer brennend ab. Wohlbehalten

Die 38-cm-Türme »Cäsar« und »Dora« feuern eine Salve - beim Übungsschießen in der Ostsee. Auch die schwere Artillerie der Tirpitz *konnte sich nicht mit einem gleichwertigen Gegner im Gefecht messen.*

Originalfotos vom Torpedoangriff britischer Albacore-Doppeldecker von dem Flugzeugträger Victorious *auf die* Tirpitz *am 9. März 1942 westlich der Lofoten. Trotz rasenden Abwehrfeuers dringen einzelne Maschinen tief über der See bis in den Nahbereich des Schlachtschiffs vor und werfen ihre Torpedos ab. Doch der gleichzeitige Zangenangriff mißlingt, die* Tirpitz *kann allen Torpedolaufbahnen ausweichen und schreibt daher mit ihrem Kielwasser ein riesiges S in die See. Die Engländer glaubten zunächst, die* Tirpitz *versenkt zu haben, doch sie blieb unversehrt.*

kehrte sie in die Schären zurück, doch selbst Raeder gab zu, daß die Rettung des Schiffes einem »großen Glücksfall« zu verdanken sei. Der entschlossene Angriff der Briten machte auf die deutsche Führung solchen Eindruck, daß die eigenen Schiffe in Zukunft nur noch auslaufen durften, wenn mit Sicherheit kein britischer Flugzeugträger eingreifen konnte.

Solche Risikofurcht führte Anfang Juli 1942 zu dem zögernd begonnenen und ebenfalls auf halbem Wege wieder abgebrochenen Vorstoß des neuen Flottenchefs, Admiral Otto Schniewind, mit *Tirpitz, Hipper, Scheer, Lützow* und zahlreichen Zerstörern gegen den Konvoi PQ 17. Gewiß wurde der Geleitzug, nach einem panischen Auflösungsbefehl der Britischen Admiralität, von U-Booten und Flugzeugen nahezu völlig vernichtet. Doch die Flotte ging wieder einmal leer aus. Unter Offizieren und Besatzungen wuchs die Unzufriedenheit, und die Frage blieb nicht aus, ob diese an die Kette gelegte Flotte nicht ihre Existenzberechtigung einbüßen müsse.

Im Frühjahr 1942 stießen auch die schweren Kreuzer Lützow *(rechts) und* Hipper *(unten) zur deutschen Kampfgruppe in Nordnorwegen. Die* Lützow *blieb der »Unglücksvogel« in der Flotte. Nach ihrem schweren Torpedotreffer im April 1940 wurde sie, kaum wiederhergestellt, im Juni 1941 erneut torpediert. Beim Auslaufen zum Unternehmen »Rösselsprung« gegen den Konvoi PQ 17 rannte die* Lützow *am 2. Juli 1942 auf einen Unterwasserfelsen und fiel aus. Und beim Unternehmen »Regenbogen« Silvester 1942 im Nordmeer verpaßte sie einen Rußland-Geleitzug um wenige Seemeilen - wodurch eine schwere Führungskrise in der deutschen Marine ausgelöst wurde.*

Die »fleet in being« übte schon durch ihr Bereitliegen in Nordnorwegen strategischen Druck auf die Alliierten aus. Dagegen lief diese deutsche Kampfgruppe - hier mit Tirpitz, Hipper *und* Scheer *in einem Fjord - nur sehr selten zu Unternehmungen aus. Hitlers Risikofurcht und der katastrophale Mangel an Treiböl hielten sie in ihren Schlupfwinkeln fest.*

Höllisches Eismeer

Als Hitler die Sowjetunion überfallen hatte und die deutschen Armeen tief nach Rußland hinein vordrangen, forderte Stalin von seinen westlichen Verbündeten Hilfe. Über See rollte ein gewaltiger Nachschub an; da die Geleitzüge durch das Europäische Nordmeer und die Barentssee nach Murmansk fuhren, setzten die deutsche Marine und die Luftwaffe alles daran, diesen Zustrom von Kriegsmaterial nach Rußland zu unterbrechen, der dicht vor ihren eigenen Stützpunkten nördlich des Polarkreises entlanglaufen mußte. Aber nicht nur der Kampf mit dem Feind, sondern auch der Kampf gegen das Wetter in diesen nördlichen Breiten war die Ursache dafür, daß dieser Kriegsschauplatz für beide Seiten einer der härtesten des Zweiten Weltkrieges wurde.

Zeugnis davon legen, neben vielen anderen Beispielen, die Einsätze der deutschen Zerstörer im Nordmeer ab. Am 28. März 1942 wurde die 8. Zerstörerflottille unter Kapitän zur See Gottfried Pönitz gegen den gemeldeten Rußland-Konvoi PQ 13 angesetzt. Drei Boote, *Z24, Z25* und *Z26,* suchten unter bleigrauem Himmel, bei Sichtweiten von wenigen Seemeilen, nach den Schiffen. Außer einem Nachzügler fanden sie nichts, stießen aber am folgenden Tage in heftigen Schneeschauern plötzlich auf die britische Geleitsicherung. In einem unübersichtlichen, zum Teil auf nächste Entfernung ausgefochtenen Gefecht wurde *Z26* von dem britischen Kreuzer *Trinidad* zusammengeschossen; das Bild des brennenden und sinkenden deutschen Zerstörers, von dem die Schwesterboote noch 96 Mann retten konnten, befindet sich als realisti-

Zwei Eismeer-Zerstörer Bord an Bord im Altafjord, dem Liegeplatz der deutschen Kampfgruppe im äußersten Norden Europas: Vorn Z26, dahinter Friedrich Ekkoldt. *Beide Zerstörer sanken 1942 nach dramatischen Gefechten mit britischen Kreuzern in der Barentssee.*

sches Dokument des Seekrieges auf dem Schutzumschlag dieses Buches. Aber auch die *Trinidad* wurde schwer getroffen - von einem eigenen Torpedo, der zum Kreisläufer geworden war - und konnte mit Mühe den sowjetischen Hafen Murmansk erreichen.

Den wenige Wochen später durch das Nordmeer laufenden Konvoi PQ 14 sollte die deutsche »Zerstörergruppe Nordmeer« angreifen, doch der Geleitzug war nicht zu finden: Er hatte sich bei der Insel Jan Mayen im Packeis festgefahren, zwei Drittel seiner Schiffe waren beschädigt umgekehrt. Selbst wenn die Zerstörer auf das restliche Drittel gestoßen wären, hätten sie kaum angreifen können. Das Thermometer zeigte 15 Grad unter Null, es herrschte Sturm aus Nordwest in Stärke 9, Eis- und Schneeschauer peitschten über das Meer. Die Boote waren von einem dicken Eispanzer überzogen, weil das Spritzwasser sofort an den Aufbauten gefror. Vereist waren die Ferngläser und Kommandoelemente, festgefroren die vorderen Geschütze und die Torpedorohre, die sich weder schwenken noch richten ließen. Spiegelglatt waren die Decks, die Mannschaften konnten nirgendwo Halt finden. Der schwere Seegang verhinderte jede Enteisung. Das Eismeer war die Hölle für alle, die unter solchen Bedingungen nicht nur hindurchzufahren, sondern auch noch zu kämpfen hatten. Der deutsche Flottillenchef, Kapitän zur See Alfred Schulze-Hinrichs, ließ das aussichtslose Unternehmen abbrechen und kehrte um.

Wieder ein paar Wochen später, am 1. und 2. Mai 1942, waren die Zerstörer erneut im Einsatz in der Barentssee. Ein deutsches U-Boot hatte den britischen

Das 15-cm-Geschütz auf der Back von Z 25 ist völlig festgefroren, das Deck spiegelglatt. Die Aufbauten liegen wie unter einer Zuckerschicht, von einem dicken Eispanzer überzogen. Unter solchen Bedingungen war an einen Waffeneinsatz kaum zu denken.

Nebel in den Fjorden und an den Liegeplätzen der Zerstörer - und Artillerieduelle in stürmischer See, deren Spritzwasser die Boote hoffnungslos vereisen läßt. So sah der Kampf um die Nordmeer-Konvois mit Kriegsmaterial für Rußland aus.

Kreuzer *Edinburgh* torpediert, aber es sah so aus, als ob auch er sich nach Murmansk retten könnte. Die Zerstörer spürten die *Edinburgh* auf und gaben ihr den Fangschuß - verloren aber auch ihr eigenes Führerboot *Hermann Schoemann* durch zwei unglückliche Treffer in die Turbinenräume.
Zur gleichen Zeit versenkten alliierte Sicherungsstreitkräfte beim Konvoi PQ 15 ein eigenes U-Boot, und das Schlachtschiff *King George V.* überrannte einen Zerstörer, der sich noch im Sinken rächte: Seine detonierenden Wasserbomben rissen ein großes Leck in den Boden des Schlachtschiffes. Am 14. Mai ging auch der beschädigt zurückmarschierende Kreuzer *Trinidad* nach dem Angriff eines deutschen *Ju-88*-Sturzbombers verloren. Das waren die Bedingungen, unter denen der Seekrieg im Nordmeer geführt wurde, und so ging es Monat für Monat und Tag für Tag.
Höhepunkte dieses verbissenen Kampfes waren für die Deutschen die Auflösung und Katastrophe des Konvois PQ 17, von dessen 36 mit Kriegsgut für Rußland vollbeladenen Frachtern 24 auf den Meeresgrund sanken; und für die Alliierten die glückliche Überfahrt des Konvois JW-51B, der mitten im Polarwinter, am Silvestertage 1942, von einer deutschen Kampfgruppe mit den schweren Kreuzern *Hipper* und *Lützow* und sechs Zerstörern unter günstig scheinenden Voraussetzungen angegriffen und doch verfehlt wurde.
Dieser Fehlschlag hatte weitreichende Folgen. Überzeugt von dem Versagen und der Nutzlosigkeit der schweren Schiffe befahl Hitler, die Flotte außer Dienst zu stellen und abzuwracken. Großadmiral Raeder wandte sich erbittert dagegen, blieb aber erfolglos und stellte sein Amt zur Verfügung. England, so glaubte die Marine, hatte den billigsten Seesieg seiner Geschichte errungen.

Frühmorgens am 2. Mai 1942 in der Barentssee: Beim Angriff auf den beschädigten britischen Kreuzer Edinburgh *erhält der deutsche Zerstörer* Hermann Schoemann *zwei Treffer in die Turbinen und bleibt bewegungslos liegen. Mitten im Gefecht legt Z24 bei dem Havaristen an und birgt die Besatzung, während Z25 das Manöver durch einen Rauchschleier zu schützen sucht.*

Verlassen bleibt Hermann Schoemann *zurück. Zwei Wasserbomben sind gezündet - sie werden das Boot in wenigen Minuten sprengen. Auch der britische Kreuzer sinkt nach einem weiteren Torpedotreffer von Z25.*

Im ungewissen Dämmerlicht des Silvestertages 1942 schloß der Zerstörer Friedrich Eckoldt *an den Schatten eines schießenden Kreuzers heran, den er für die* Hipper *hielt. Aber es war die britische* Sheffield, *die den Zerstörer mit einem Feuerhagel empfing.* Eckoldt *sank sofort, mit der ganzen Besatzung.*

Die lange Seefront vor Norwegen und den für die deutsche Versorgungsschiffahrt wichtigen Küstenweg schützten zahlreiche Flottillen. So die Minensucher in den Fjorden (rechts) und die Räumboote (unten), denen der lange Polarwinter schwer zu schaffen machte.

Im Geleitschutz vor Norwegen fuhren auch diese 1200ts großen Kanonenboote mit vier 12-cm in Doppellafetten, die der Marine 1940 als Beute auf holländischen Werften in die Hand gefallen waren.

Die vereiste U-Bootkanone zeugt vom Einsatz des Bootes im Nordmeer. Gegen den Widerstand von Admiral Dönitz verlangte Hitler die Stationierung einer starken U-Bootgruppe in Norwegen, die das Land von einer Invasion schützen sollte. Ab 1942 durften diese Boote wenigstens die Konvois angreifen, ohne im Nordmeer ähnliche Erfolge wie im Atlantik zu erzielen.

Die Schlacht um den Atlantik

Je länger der Krieg gegen England dauerte, desto klarer wurde, daß die Entscheidung im Atlantik fiel und daß - wenn überhaupt - nur die U-Bootwaffe noch in der Lage war, durch echte Erfolge im Zufuhr- oder Tonnagekrieg das Steuer zugunsten Deutschlands herumzuwerfen. Im zweiten Halbjahr 1941 war die Zahl der U-Boote erstmals deutlich angestiegen. Im November waren immerhin 220 Boote in Dienst gestellt, davon jedoch 79 noch in der Erprobung und 55, die nur für Schulzwecke eingesetzt werden konnten. Von den verbleibenden Frontbooten standen am 10. November 1941 ganze 57 in See, davon aber nur 22 Boote im Operationsgebiet Nordatlantik - dort also, wo doch die Entscheidung fallen mußte. Die anderen befanden sich auf dem Hin- und Rückmarsch, lagen im Hafen, wurden überholt oder neu ausgerüstet - oder sie mußten auf höchsten Befehl auf sogenannten Nebenkriegsschauplätzen eingesetzt werden: im Mittelmeer und im Nördlichen Eismeer.

Tag um Tag, Woche um Woche kämpft sich das U-Boot durch den stürmischen Nordatlantik, aufgetaucht, solange es nicht vom Feind unter Wasser gezwungen wird, stets auf der Suche nach Geleitzügen; denn wer die Schlacht um den Atlantik für sich entschied, besaß den Schlüssel zum Sieg.

Admiral Dönitz, Befehlshaber der U-Boote, wehrte sich mit aller Kraft und doch vergebens gegen diese Zersplitterung seiner Kräfte. Den allein ausschlaggebenden Tonnagekrieg richtig zu führen hieß nach seiner Überzeugung, so viel wie möglich feindlichen Schiffsraum zu versenken, und zwar nach dem Gesichtspunkt des »ökonomischen Einsatzes« immer dort, wo er am leichtesten zu fassen war. Die Seekriegsleitung setzte sich ebenfalls entschieden für die Schwerpunktbildung der U-Boote im Atlantik ein, hatte damit bei Hitler aber nur vorübergehend Erfolg. Als die Katastrophe des Nachschubs von Italien nach Nordafrika im Herbst 1941 immer deutlicher wurde, verlangte er eine Verlagerung des Schwerpunkts der Marine ins Mittelmeer, womit vor allem die U-Boote gemeint waren.

Der Tonnagekrieg war ein Wettlauf zwischen Versenkungen und Neubau. Die U-Bootführung setzte ihre Boote daher überall dort ein, wo sie am schnellsten und pro Boot und Tag die größten Erfolge erzielen konnte. Dazu gehörten 1941 auch noch der Mittel- und der Südatlantik. Hier kehrt Kapitänleutnant Jost Metzler mit U 69 nach langer Feindfahrt aus dem Golf von Guinea an der westafrikanischen Küste zurück.

Ein Drittel der Frontboote mit erfahrenen Kommandanten mußte nun im Mittelmeer und im Nordmeer operieren, und im Atlantik trat eine U-Boot-Leere ein. Die Versenkungsziffer sank auf einen neuen Tiefpunkt. Die U-Bootwaffe wurde nicht einmal rechtzeitig auf den bevorstehenden Kriegsausbruch mit Amerika hingewiesen, um ihre Vorbereitungen für den beabsichtigten »Paukenschlag« vor der US-Küste in Ruhe treffen zu können (siehe Seite 119). So begann das Jahr 1942, das endlich die große Wende zugunsten der U-Boote bringen sollte, mit neuen großen Belastungen; denn Zersplitterung regierte die Stunde. Der U-Bootchef durfte seine eigene Waffe nicht so führen, wie er es allein für sinnvoll hielt: geschlossen im Tonnagekrieg. Dennoch trieb die Schlacht um den Atlantik 1942 immer schneller ihrem

Ob unter sengender Tropensonne oder im wütenden Nordatlantiksturm: Voraussetzung zum Erfolg der U-Boote war und blieb ihr eigener Ausguck. Zwar gab die deutsche Funkaufklärung, die den alliierten Funkverkehr mithörte und zum Teil entzifferte, wichtige Hinweise auf die Bewegungen der Geleitzüge. Finden aber mußten die U-Boote die Schiffe immer noch mit eigenen Augen. Kein Ortungsgerät an Bord half ihnen dabei. Die wichtige Aufklärung der U-Boote war technisch auf dem Stand des Ersten Weltkrieges stehengeblieben.

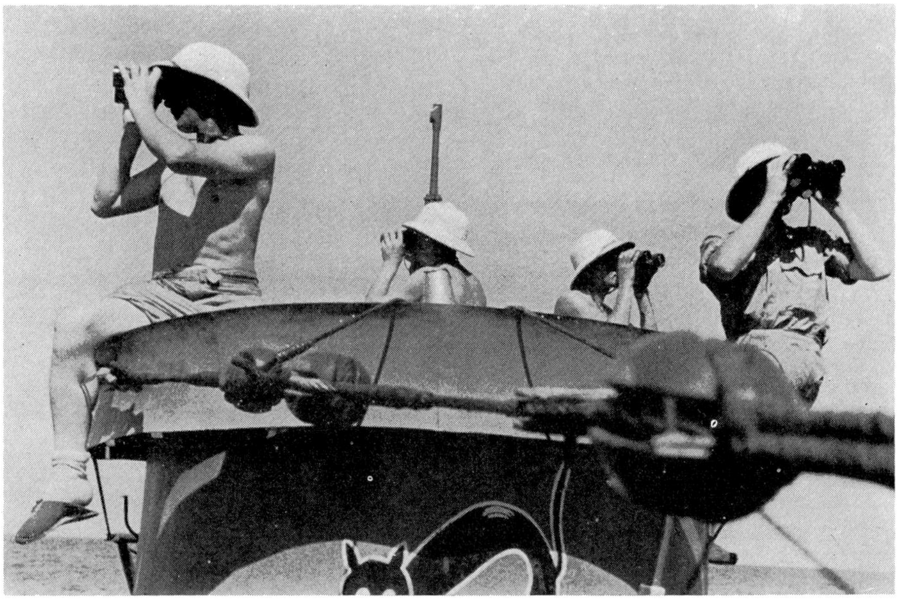

Höhepunkt entgegen. Am Anfang standen fünf mühsam zusammengeholte U-Boote, die den Krieg vor die amerikanische Küste trugen, am Ende erbitterte Geleitzugschlachten ganzer U-Bootrudel mit ebenso starken alliierten Sicherungsstreitkräften.

Bis zur Mitte des Jahres, als die Amerikaner ihren Geleitschutz organisiert und vor allem durch Luftüberwachung die Küstenwege sicherer gegen die U-Boote gemacht hatten, verloren sie allein vor Nordamerika und in der Karibischen See 460 Schiffe mit 2,3 Millionen BRT, darunter besonders viele Tanker. Ab Mitte Juli zog Admiral Dönitz seine Boote wieder aus den Küstengewässern zurück und setzte sie auf die Konvoirouten im Nordatlantik an. Die Phase der großräumigen Geleitzugschlachten begann, bei der ganze U-Bootrudel von 15 bis 20 Booten ein Seegebiet »abharkten«, bis eines von ihnen auf den Geleitzug gestoßen war und die anderen durch Funksprüche und Fühlunghaltersignale herbeirief.

Die Alliierten begegneten der Konzentration von Angreifern gegen ihre Lebenslinie mit einer Konzentration der Abwehr bei den Konvois und auf den Anmarschwegen der U-Boote. Die Erfahrung der Escort-Groups wuchs, ihre Taktik und Ausrüstung wurden immer besser. Und die Konvois wurden nicht nur von ihren Geleitfahrzeugen, sondern in immer größerem Umfang aus der Luft gesichert. Die von Neufundland, Island und Nordirland startenden Langstreckenflugzeuge besaßen 1942 bereits eine Eindringtiefe von rund 1100 Kilometern. Das bedeutete, daß die »Lücke« in der Mitte des Atlantik, in der die Wächter aus der Luft die Konvois noch nicht umkreisten, immer kleiner wurde. Bald sahen die U-Boote in den Flugzeugen, die sie schon im weiten Umkreis der Geleitzüge orteten, angriffen, zum Tauchen zwangen und dadurch abdrängten, ihre gefährlichsten Gegner.
Aber auch die U-Bootrudel wurden immer zahlreicher. 212 Frontboote waren es um die Jahreswende 1942/43, und wäre es nach Dönitz gegangen, er hätte alle in den Brennpunkt der Schlacht im Atlantik geworfen. Die Schlacht wurde zu einem Wettlauf zwischen dem Erfolg der U-Boote bei der Versenkung der Schiffe und der Kapazität der englischen und amerikanischen Werften. Alles kam darauf an, ob die Verluste durch Neubauten ausgeglichen oder gar übertroffen werden konnten. Als das Jahr 1942 mit einer neuen großen Geleitzugschlacht im Nordatlantik zu Ende gegangen war, hatten die Alliierten nach deutschen Berechnungen allein in diesem Jahr 11,6 Millionen BRT Schiffsraum verloren, während sie etwa 7 Millionen BRT neu bauen konnten. Der Wettlauf des Tonnagekrieges schien also günstig für die Deutschen zu stehen - nur: Sie hatten die eigenen Erfolge um etwa ein Drittel überschätzt. Tatsächlich betrugen die Gesamtverluste der Alliierten im Jahr 1942 rund 7,8 Millio-

Mit Eichenlaub bekränzt kehrt U 201 *im Juli 1942* von *einer Feindfahrt zurück. Der Kommandant, Kapitänleutnant Adalbert Schnee, ist soeben mit dem Eichenlaub zum Ritterkreuz ausgezeichnet worden. Ein halbes Jahr später wurde* U 201, *jetzt unter Oberleutnant z. S. Rosenberg, östlich von Neufundland im Geleitzugkampf vernichtet. Mit insgesamt neun Feindfahrten und 25 versenkten Schiffen gehörte es zur Gruppe der 30 erfolgreichsten deutschen U-Boote. 1943 aber gingen viele Boote schon auf der ersten oder zweiten Fahrt verloren.*

Der Befehlshaber der U-Boote, Admiral Karl Dönitz, behielt die Führung seiner Waffe fest in der Hand. Seine Befehlsstelle lag zunächst in Kernevel bei Lorient, ab März 1942 in Paris. Mit dem Chef der Operationsabteilung, Kapitän z.S. Godt, (rechts) und dem im Geleitzugkampf erfahrenen 1. Asto, Kapitänleutnant Schnee, lenkte Dönitz selbst durch Funkbefehle den Einsatz der Boote auf See. Oft wichen die Konvois durch Kursänderungen aus und umgingen die nach ihnen suchenden U-Bootgruppen. Für die U-Bootführung kam es darauf an, den nächsten Zug des Gegners vorauszusehen. Sie war dabei weitgehend auf die Sichtmeldungen ihrer eigenen Boote angewiesen.

nen BRT, und sie wurden durch den Neubau von 7,2 Millionen BRT nahezu ausgeglichen. Und die Massenproduktion der amerikanischen Werften kam erst richtig in Schwung: 1943 stieg der Neubau auf mehr als 12 Millionen BRT. Konnten die U-Boote da Schritt halten? Der Kampf stand auf des Messers Schneide. Bereits das Frühjahr 1943 sollte die endgültige Entscheidung bringen.

Admiral Dönitz hatte vorausgesagt, daß die drei- bis vierfache Zahl von U-Booten erforderlich sein werde, um an den immer stärker gesicherten Geleitzügen gleich hohe Erfolge erzielen zu können. Im Februar 1943 zeichnete sich die Wende in der Schlacht ab. Der wertvolle Konvoi SC 118 dampfte mit 61 vollbeladenen Schiffen mitten in eine U-Bootaufstellung hinein. Doch *U 187*, das Boot, das die Schiffe zuerst sichtete und ihren Standort meldete, wurde kurz nach der Abgabe seines Funkspruchs von Zerstörern angegriffen und vernichtet. So ging es nun vielen Booten, und das Unheimliche war, daß sie immer dann mit höchster Präzision verfolgt wurden, wenn sie gerade gefunkt hatten. Die Geleitfahrzeuge besaßen eine neue technische Wunderwaffe, einen automatischen Sichtfunkpeiler, der ihnen in Sekundenschnelle die Richtung zu

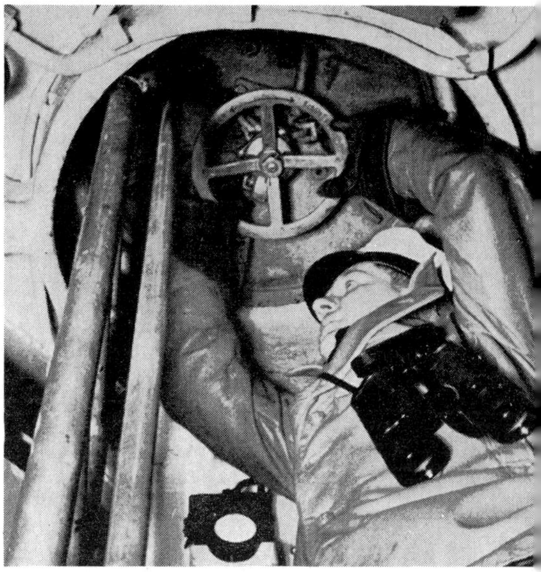

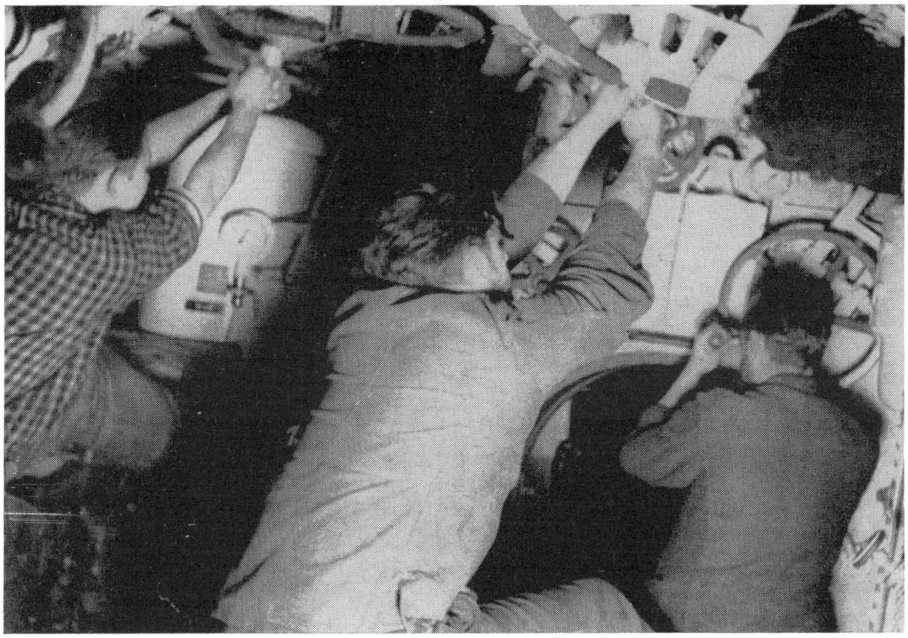

Alarm! Das an der Grenze der Sichtweite am Konvoi Fühlung haltende Boot ist von der Sicherung, meist aus der Luft, geortet worden und muß »in den Keller«. Der Kommandant schließt das Turmluk, die Tauchzellen werden »entlüftet«, und das Boot sackt wie ein Stein in die Tiefe.

einem funkenden U-Boot anzeigte. Die Boote wußten nicht, daß sie ihren Gegnern sozusagen den Weg wiesen, daß sie sich ihnen durch ihr Funken selber verrieten. Andererseits *mußten* sie ihre Sichtmeldung hinausfunken, denn nur so erfuhr die U-Bootführung den genauen Standort des Konvois und konnte alle in der Nähe stehenden Boote darauf ansetzen.

So auch hier, beim Konvoi SC 118. Von allen Seiten liefen nicht weniger als 21 U-Boote an, aber im Laufe der viertägigen Geleitzugschlacht kamen nur fünf Boote tatsächlich zum Schuß - alle anderen wurden früh genug entdeckt, gejagt und abgedrängt. Zwar verlor der Konvoi 13 von seinen 61 Schiffen, doch auch drei U-Boote wurden vernichtet und vier weitere schwer beschädigt.

Im März 1943 wurde der Höhepunkt der Schlacht erreicht. 50 U-Boote standen gleichzeitig im Operationsgebiet und warteten auf ihre Chance. Zwei große Konvois, der SC 122 und der HX 229, liefen ihnen vor die Rohre. Wie so oft erzielten die U-Boote ihren größten Erfolg in der ersten Angriffsnacht. 14 Schiffe wurden von Torpedos getroffen und sanken. Dann verstärkte sich

die Sicherung. Immer wieder wurden die Angreifer abgedrängt, besonders dann, wenn sie gerade gefunkt hatten. Zum Kern des Konvois stießen nur noch die wenigsten durch. Vier Tage und vier Nächte tobte die Schlacht. Dann zog Dönitz seine Boote zurück, weil sie abgekämpft waren und gegen die starke Luftsicherung der Konvois nicht mehr an die Schiffe herankamen. Die U-Boote glaubten 32 Schiffe versenkt zu haben, tatsächlich waren es 21 mit 141 000 BRT. Dagegen stand nur der Verlust eines eigenen Bootes. Es war die größte Geleitzugschlacht des Krieges. Für die Alliierten standen die Zeichen auf Sturm. Mußten sie weitere solche Verluste hinnehmen, dann ging der Zufuhrkrieg für sie verloren.

In dieser entscheidenden Phase gelang es den Engländern und Amerikanern, den Geleitschutz noch einmal wesentlich zu verstärken. Zu den zwölf Escort Groups, der Nahsicherung der Konvois, kamen sechs besonders bewegliche Support Groups, die den angegriffenen Geleitzügen zusätzlich zu Hilfe eilten. Zudem verfügten sie über drei Geleit-Flugzeugträger; im ganzen Nordatlantik gab es nun kaum noch eine Lücke in der Luftüberwachung der Konvois.

Die U-Boote kamen einfach nicht mehr heran. Sie konnten ihren Erfolg vom März 1943 nicht wiederholen. Vor allem im Mai erlitten sie schwerste eigene Verluste: 41 U-Boote meldeten sich nicht mehr. Admiral Dönitz zog die Konsequenz und rief die übrigen Boote aus dem Nordatlantik zurück. Er sprach von einer Übergangszeit, bis der Kampf mit besseren Waffen wieder aufgenommen werden könne. Doch der technische Vorsprung der Alliierten war nicht mehr aufzuholen, der Sieg der Geleitfahrzeuge in der alles entscheidenden Schlacht um den Atlantik stand fest.

War das Boot geortet und unter Wasser gedrückt, begann meist eine lange Wasserbombenverfolgung. Da halfen nur Ruhe, Erfahrung beim Ausweichen - und eiserne Nerven. Brach der Feind den Angriff ab, dann war auch der Geleitzug meist verschwunden. Das Boot mußte wieder auftauchen und nachsetzen. Die Jagd begann von vorn.

Flugzeuge wurden zum schlimmsten Feind der U-Boote. Durch direkte Luftangriffe in See gingen im Kriege 288 Boote verloren. Mit ihren Radargeräten orteten die Maschinen die Boote, sobald sie sich an der Wasseroberfläche zeigten. An einen aus der Luft gesicherten Geleitzug war nur noch schwer heranzukommen.

In der Zentrale seines Bootes horcht der Kommandant auf die Geräusche, die den nächsten Angriff des Gegners verraten. Oft hing das Schicksal des Bootes, das Überleben der Besatzung von seiner richtigen Entscheidung ab.

1943 lockten verschiedene U-Boote ihre Gegner in der Luft in eine »Flak-Falle«. Diese Boote versuchten nicht, vor dem angreifenden Flugzeug zu tauchen, sondern empfingen es mit einem Hagel aus ihren Abwehrwaffen. Hier U 441, *bestückt mit einer 3,7-cm-Flak und acht 2-cm-Vierlingsrohren. Trotzdem ging das Boot im Kanal durch Luftangriff verloren.*

U-Boote auf fernen Ozeanen

Vom Frühjahr 1943 an liefen U-Boote vom Typ IX D 2 - mit 1616 ts etwa doppelt so groß wie die Atlantikboote vom Typ VII C - zu Fernfahrten aus. Sie operierten zunächst mit gutem Erfolg vor Südafrika und im Indischen Ozean und liefen zur Versorgung bis nach Indonesien, in den Machtbereich des japanischen Verbündeten. - Auch die Mittelmeerbasis wurde weiter ausgebaut. Unten verläßt ein Boot den U-Bootsstützpunkt Salamis zu neuer Feindfahrt.

Deutsche »Monsun«-U-Boote werden nach langer Reise im japanischen Stützpunkt Penang versorgt. Andere Boote treffen sich mitten im Indischen Ozean mit dem Tanker Charlotte Schliemann.

Korvettenkapitän Wolfgang Lüth erhielt nach der Heimkehr mit U 181 *aus dem Indischen Ozean im Oktober 1943 die Brillanten zum Ritterkreuz. Er hatte auf 14 Feindfahrten 43 Schiffe versenkt. Rechts oben:* U 178 *kehrt aus Madagaskar nach Bordeaux zurück. Unten: Übernahme von Dieselöl auf hoher See.*

Die „Kanalarbeiter"

Einen offensiven Seekrieg konnte die Marine nur führen, wenn ihre Basis gesichert war. Zahlreiche Flottillen kleiner Boote versahen diesen aufreibenden Dienst. Sie schützten Geleitzüge und sicherten die Häfen, suchten Minen und schlugen sich mit englischen Jagdbombern herum: die »Kanalarbeiter«. Das Bild zeigt eine aus Fischdampfern bestehende Minensuchflottille in enger Formation.

Vorpostenboote hatten bei jedem Wetter ihre Sicherungsaufgaben zu erfüllen. Hier ein Fischdampfer im Einsatz vor der holländischen Küste.

»Richtige Kriegsschiffe« waren dagegen die aktiven Minensuchboote, auch wenn sie vom Typ M 40 an wegen des Mangels an Öl wieder mit Kohlefeuerung unter den Kesseln fuhren. Die »M-Böcke« verdrängten 543 ts, hatten zwei 10,5-cm-Kanonen und Flugabwehrwaffen und wurden gern zum Schutz deutscher Geleitzüge auf den Küstenwegen eingesetzt.

Zwei »Kanalarbeiter« passieren sich auf Gegenkurs: der alte Fischdampfer als Vorpostenboot und das Minenräumboot. Beide mit Tarnanstrich, um sich dem Gegner aus der Luft nicht zu früh zu verraten. Die Räumbootflottillen - unten bei der Geleitsicherung - hatten im Kanal schwere Verluste durch britische Tiefflieger.

An allen Küsten wurden die meist aus alten Fischdampfern bestehenden Vorpostenflottillen auch zur Jagd auf feindliche Unterseeboote eingesetzt. Einzige Waffen für diesen Spezialdienst waren meist ein Horchgerät und Wasserbomben. Hier werden die Wabo-Werfer auf einem solchen »U-Bootjäger« klargemacht.

Stark geschützt wurden die Frachter und Transporter im Nachschubverkehr nach Norwegen. Hier der 18160 BRT große ehemalige Ostasienschnelldampfer Gneisenau *des Norddeutschen Lloyd. Das Schiff sollte 1942/43 zum Hilfsflugzeugträger für 12 Sturzbomber und 12 Jäger umgebaut werden, lief aber am 2. Mai 1943 bei Gedser in der Ostsee auf eine Mine und sank.*

Täglich Brot für den Sperrwaffenoffizier: Zum Küstenschutz gehörte auch das Bergen und Entschärfen gefährlicher Treibminen.

Schnellboote in der Straße von Dover

»Kanalarbeiter« besonderer Art waren die deutschen Schnellboote, die ihre Stützpunkte gleich nach der Besetzung Frankreichs im Sommer 1940 nach Dünkirchen und Boulogne verlegten, um von hier aus die britischen Küstengeleite in der Straße von Dover anzugreifen. Die Boote waren zwischen 80 ts und 100 ts groß, hatten bis zu 25 Mann Besatzung und erreichten mit ihren drei Dieselmotoren Geschwindigkeiten zwischen 36 und 40 Knoten. Als Angriffswaffe führten die Boote zwei festeingebaute Torpedorohre mit, dazu 2-cm- und später 4-cm-Schnellfeuerkanonen, um die von Jahr zu Jahr stärkeren Jagdbomberangriffe abzuwehren.

Die Härte der Einsätze prägte die Gesichter der Schnellbootfahrer. Rund 250 S-Boote wurden bis zum Kriegsende gebaut, ab 1943 mit gepanzerter Brücke gegen die Geschosse der Tiefflieger. Ihre elf Flottillen waren an allen Brennpunkten des Kampfes vor den europäischen Küsten dabei - vom Nordmeer bis in die Ägäis und ins Schwarze Meer. Ihr Haupteinsatz aber lag bis zum Schluß im Kanal. In den Häfen wurden auch die S-Boote durch Betonbunker geschützt.

Biskaya-Einsätze

Im Stützpunkt an der Atlantikküste warten deutsche Torpedoboote auf den Einbruch der Nacht, um in ihrem Schutz zum Minenunternehmen in den Kanal auszulaufen. Die T-Boote 1935/1937 (rechts, mit Fesselballon) waren 853 ts groß, hatten eine 10,5-cm achtern und liefen 34,5 Knoten. Die »Flottentorpedoboote« - 1294 ts, vier 10,5-cm, 32,5 kn, unten: T30 *- waren Mehrzweckschiffe, die auch als Geleitzerstörer angesprochen werden konnten. In der Biskaya erfüllten sie zahlreiche Aufgaben.*

Torpedoboote fahren Geleitschutz vor der französischen Atlantikküste. Fesselballons auf den Schiffen sollen gegen Tiefflieger schützen. Die Boote holten auch Blockadebrecher aus Übersee in die Biskayahäfen ein - und sie schossen sich mit leichten britischen Seestreitkräften herum.

Zerstörer der Narvik-Klasse

Die größten und stärksten Zerstörer jener Zeit wurden während des Krieges auf deutschen Werften gebaut. Ihre offizielle Typenbezeichnung lautete 1936 A (Mob), doch in der Kriegsmarine nannte man sie zur Erinnerung an die in Narvik gesunkenen zehn Zerstörer die »Narvik-Klasse«. Unten eines dieser Boote, Z34, 2603 ts groß und mit fünf 15-cm-Kanonen für Zerstörer ungewöhnlich stark bewaffnet.

Die größten Zerstörer des Zweiten Weltkrieges, und noch dazu mit einer 15-cm-Batterie, während die englischen und amerikanischen Zerstörer nur über 12-cm- und 12,7-cm-Geschütze verfügten – bis auf den heutigen Tag wird diese »Überlegenheit« der deutschen Zerstörer hervorgehoben und zugleich die Frage aufgeworfen, warum sie nicht zu nennenswerten Erfolgen gekommen sind. Wie so oft, stimmten auch hier Theorie und Praxis nicht überein; es waren gerade die viel schwereren 15-cm-Geschütze, die viele Probleme aufwarfen.

Bei den bisherigen Zerstörertypen betrug das Geschützgewicht der beiden einzeln auf der Back aufgestellten 12,7-cm-Kanonen 20,4 Tonnen, und es war bekannt, daß die Boote dadurch tief in die See eintauchten, daß sie vor allem bei achterlichem Seegang durch den nach vorn verschobenen Schwerpunkt stark gierten und eben nicht besonders seetüchtig waren. Die Zerstörerfahrer forderten daher, zwei Geschütze auf einer Drehscheibe zusammenzufassen; sie hofften, dadurch Gewicht zu sparen. Tatsächlich betrug das Gewicht der beiden 15-cm-Kanonen in der sogenannten »leichten Drehscheibenlafette C 36« dann aber 60,4 Tonnen, das dreifache Gewicht der bisherigen Armierung!

»Die Front wäre dankbar«, schrieb der Flottillenchef der Narvik-Zerstörer, Kapitän zur See Hans Erdmenger, in einem kritischen Bericht an das Oberkommando der Marine, »wenn sie erfahren würde, aus welchem Grunde bei uns die Konstruktion der Doppellafetten so erheblich viel schwerer ist als in den anderen Marinen.« Längst hatten sich in den führenden Marinen 12-cm- und 12,7-cm-Doppellafetten auf Zerstörern durchgesetzt. So trug zum Beispiel die englische *Tribal*-Klasse bei einer Größe von 1870 ts acht 12-cm in vier

Der 15-cm-Doppelturm auf der Back - hier auf Z 39 - wurde zum Kennzeichen der Narvik-Zerstörer. Allerdings wurden die Schiffe eher fertig als die Doppeltürme, die erst nach und nach eingebaut werden konnten. Das Gewicht des Doppelturms lastete jedoch auf dem Vorschiff des Zerstörers, was bei schwerer See Fahrverhalten und Manövrierfähigkeit nachteilig beeinflußte. Die Torpedowaffe bestand, wie bei allen deutschen Zerstörern, aus zwei schwenkbaren Vierlingsrohrsätzen.

Doppellafetten, wobei die einzelne Doppellafette nur rund 25 Tonnen wog. Zu diesem Nachteil der Narvik-Zerstörer trat die schwere physische Belastung der Ladekanoniere. Denn das einzelne 15-cm-Geschoß wog 45,3 kg, und es mußte von Hand geladen werden. Erdmenger: »Der Kräftezustand unserer Seeleute ist zur Zeit nicht so, daß das Laden eines fast zentnerschweren Geschosses ohne Schwierigkeiten durchführbar wäre.«

Der Chef der 8. Zerstörerflottille, Kapitän z.S. Hans Erdmenger, stieß am Heiligabend 1943 mit sechs Zerstörern und sechs Flottentorpedobooten in die Biskaya vor, um ein einzelnes Schiff sicher in die Gironde einzuholen: den Blockadebrecher Osorno, *mit wertvoller Rohstoffladung aus dem fernen Osten. Die Operation glückte, alle Luftangriffe wurden abgeschlagen - doch in der Girondemündung lief die* Osorno *auf ein Wrack und mußte an der Küste aufgesetzt werden, um die Ladung zu retten.*

Zwei Tage später eine Neuauflage der Operation, diesmal um den Blockadebrecher Alsterufer *durch die Biskaya zu bringen. Doch das Schiff war schon von Bomben getroffen, ehe der deutsche Verband es erreichte. Im Sturm stießen die Zerstörer und Torpedoboote auf die britischen Kreuzer* Enterprise *und* Glasgow. *Nach heftigem Artilleriegefecht sanken der deutsche Führerzerstörer Z27 mit dem Flottillenchef und die Torpedoboote* T25 *und* T26 *(links). Trotz numerischer Überlegenheit waren die deutschen Boote, die im Sturm und Seegang heftig arbeiteten, dem britischen Feuer nicht gewachsen.*

Je länger der Krieg dauerte, desto vernichtender wurde die Luftherrschaft der Alliierten, während die deutsche Luftwaffe über See und an der Küste kaum noch Entlastung brachte. Die Schiffe feuerten aus allen Rohren - unten der zum Flakschiff umgebaute kleine Kreuzer Arcona *- aber sie erlagen der Übermacht.*

Luftangriff auf den deutschen Zerstörer Z 24 (Hintergrund) und das Flottentorpedoboot T 24 vor Le Verdon an der Girondemündung! Beide Boote hatten zu Beginn der Invasion in der Normandie versucht, gegen die Landungsflotte vorzudringen, waren aber in einem Nachtgefecht durch britische Zerstörer abgeschlagen worden. Jetzt, am 24./25. August 1944, wurden sie aus der Luft vernichtet.

Ein Zerstörer der Narvik-Klasse läuft nach hartem Biskaya-Gefecht in den französischen Stützpunkt ein.

Rechte Seite: Unter deutscher Kriegsflagge fuhren auch zahlreiche Boote aus fremden Marinen, die in den besetzten Häfen oder auf den Werften erbeutet worden waren.

Oben: der ehemals holländische Zerstörer Gerard Callenburgh *(1604ts, fünf 12-cm-Geschütze), der seit Oktober 1942 als* ZH 1 *bei der 5. Z-Flottille fuhr und in der Nacht zum 9. Juni 1944 im Gefecht mit britischen Zerstörern gesunken ist.*

Mitte: Das 783ts große Torpedoboot TA 29, *die vorherige italienische* Eridano, *im Hafen von Genua. Auch* TA 29 *sank im März 1945 im Gefecht.*

Unten: Der in Schottland gebaute jugoslawische Zerstörer Dubrovnik *(1850ts, vier 10,5-cm) fuhr seit Juli 1944 als* TA 32 *unter deutscher Flagge.*

Die „Fleet in being"

Am Anfang stand die Furcht des Obersten Befehlshabers der Wehrmacht vor einer imaginären Bedrohung: Hitler nahm die seit der Jahreswende 1941/42 ausgestreuten Gerüchte ernst, die von einer bevorstehenden Landung der Alliierten in Norwegen wissen wollten. Dem Gegner komme es darauf an, »die Widerstandskraft Rußlands durch stärkste Zufuhr an Kriegsmaterial und Lebensmitteln zu erhalten und daneben eine zweite Front in Europa aufzurichten«, hieß es in der Führeranweisung vom 14. März 1942. Und weiter: »Der regelmäßige starke Geleitzugverkehr von Schottland nach Murmansk oder Archangelsk kann beiden Zwecken dienen. Mit Landungsoperationen des Feindes an der Eismeerküste ist daher zu rechnen . . .« Ganz gegen den Willen der Seekriegsleitung, die trotz empfindlicher Rückschläge auf die Fortsetzung der Atlantikkriegführung mit schweren Seestreitkräften fixiert war, hatte Hitler zu diesem Zeitpunkt bereits durchgesetzt, daß die großen Schiffe aus den Atlantikhäfen zurückgezogen worden waren und einen neuen Schwerpunkt an der bedrohten Nordflanke Europas bildeten.

Drontheim, die Bogenbucht bei Narvik und der langgestreckte Altafjord wurden nun zu deutschen Flottenstützpunkten aufgewertet. Der Zeitpunkt schien nicht fern, da eine starke deutsche Kampfgruppe, unterstützt von Görings aus Nordnorwegen abspringenden Bombengeschwadern, den Alliierten das Nordmeer streitig machen würde. Eine Kampfgruppe mit den Schlachtschiffen *Tirpitz* und *Scharnhorst*, dem Flugzeugträger *Graf Zeppelin*, dessen Baustop wieder einmal aufgehoben worden war und der jetzt fertiggestellt werden sollte, den schweren Kreuzern *Hipper*, *Lützow* und *Scheer* und nicht zuletzt mit

Gefechtsturm, Schornstein und die Backbord-15-cm-Mittelartillerie des schweren Kreuzers Admiral Scheer, *der von der Seekriegsleitung Ende 1941 wieder zum Kreuzerkrieg auf den Weltmeeren vorgesehen war, von Hitler aber zurückgehalten und in Norwegen »an die Kette« gelegt wurde.*

In den Fjorden Norwegens lag die deutsche »fleet in being«. Hier läuft der schwere Kreuzer Admiral Hipper *mit Zerstörersicherung zum Liegeplatz. Großadmiral Raeder (links) an Bord des Schlachtschiffes* Tirpitz, *das bei Drontheim bereitlag, aber wegen Treibölmangels kaum etwas unternehmen konnte. Hinter Raeder der Flottenchef, Admiral Schniewind, und der Seebefehlshaber, Vizeadmiral Kummetz.*

Selbst in den Fjorden setzten die Briten alles daran, die deutschen Schiffe durch Luftangriffe auszuschalten. Admiral Scheer, *gegen Fliegersicht getarnt, im Abwehrfeuer seiner Flak.*

zwei bis drei Zerstörerflottillen, die 12 bis 14 Boote an den Feind bringen konnten.

Daß diese Pläne auf halbem Wege steckenblieben und es schließlich doch nicht zu einer gemeinsamen Operation einer starken deutschen Flotte kam, lag einmal an der Treibölknappheit, die sich bereits 1942 erheblich zuspitzte, zum anderen an der Risikofurcht Hitlers, der einem Auslaufen der schweren Schiffe nur zustimmen wollte, wenn der Feind außer Reichweite und eine Gefahr für die eigenen Streitkräfte nicht zu erkennen war.

Es liegt in der Eigenart seestrategischer Wechselwirkungen, daß diese in Norwegen an die Kette gelegte Flotte dennoch allein durch ihr Vorhandensein, als klassische »fleet in being«, einen Druck auf den Gegner zur See ausübte und seine Handlungsweise stark beeinflußte. Den Beweis lieferte die Britische Admiralität mit ihren überstürzten, ja kopflosen Befehlen an den Konvoi PQ 17, der niemals aufgelöst und *danach* von deutschen U-Booten und Flugzeugen vernichtet worden wäre, wenn nicht ein Eingreifen der deutschen Überwasserstreitkräfte gedroht hätte. Die tödliche Wirkung trat sogar ein, obwohl die deutsche Flotte – aus Furcht vor einem möglichen Zusammenprall mit britischen Schlachtschiffen und Flugzeugträgern – Stunde um Stunde zurückgehalten wurde und schließlich nur einen Scheinvorstoß wagen durfte. In der Folgezeit setzten die Engländer alles daran, um die deutschen Schiffe sogar in ihren Schlupfwinkeln aufzustöbern, anzugreifen und auszuschalten – mit gutem Erfolg, wie wir noch sehen werden.

Nach der Katastrophe des Konvois PQ 17 wurde der im September 1942 durch das Nordmeer laufende PQ 18 erneut von U-Booten und Flugzeugen angegriffen und erlitt Verluste. Die deutsche Flotte durfte wieder nicht angreifen, das Risiko schien zu groß, sie könnte auf gleichstarke alliierte Streitkräfte treffen.
Links eine sehr seltene Aufnahme: die mächtige Tirpitz *bei einem ihrer wenigen Vorstöße, bei dem Spitzbergen beschossen wurde. Zwei Wochen später, am 22. September 1943, drangen britische Kleinst-U-Boote zum Liegeplatz des Schlachtschiffs vor und beschädigten es schwer. Nun blieb nur noch die* Scharnhorst *einsatzbereit.*

Tragödie vor dem Nordkap

Die Scharnhorst *auf dem Marsch nach Nordnorwegen: Das Schlachtschiff sollte zum 1. Juli 1943 außer Dienst gestellt werden, aber der neue Oberbefehlshaber der Marine, Großadmiral Dönitz, setzte die Verlegung zur 1. Kampfgruppe durch. Rechts das vereiste Vorschiff mit den beiden 28-cm-Drillingstürmen.*

Am Silvestertage 1942 griff eine deutsche Kampfgruppe mit den schweren Kreuzern *Hipper* und *Lützow* und sechs Zerstörern einen alliierten Eismeer-Konvoi an. Trotz günstiger Voraussetzungen und eines theoretisch perfekten Angriffsplans mißlang dieses »Unternehmen Regenbogen« gründlich. Schneeschauer und dämmerndes Zwielicht, aber auch eine sich aufopfernde britische Konvoisicherung hinderten die Deutschen daran, bis zu den mit Kriegsmaterial für Rußland vollbeladenen Frachtern durchzudringen. Statt des erwarteten Erfolges also ein Fehlschlag; die deutsche Kampfgruppe hatte sogar Beschädigungen und Verluste hinnehmen müssen.

Dieser Mißerfolg führte zu einem dramatischen Führungswechsel an der Spitze der deutschen Marine. Hitler befahl, maßlos enttäuscht vom Versagen der schweren Schiffe, die Flotte außer Dienst zu stellen und abzuwracken. Großadmiral Raeder wandte sich erbittert gegen diese Entscheidung, die England zum »billigsten Seesieg seiner Geschichte« verholfen hätte, und stellte, als er nicht durchdrang, sein Amt zur Verfügung. Nachfolger und zugleich zum Großadmiral ernannt wurde der Befehlshaber der U-Boote, Karl Dönitz, der sich nun am Ziel seiner Wünsche sehen mochte: Endlich konnte alle Kraft der deutschen Werften auf den U-Bootneubau und die U-Bootreparatur gerichtet werden. Am 8. Februar 1943 wurde der Plan für die Außerdienststellung der schweren Schiffe vorgelegt. Aber bereits am 26. Februar hatte Dönitz seine Meinung geändert. Er setzte bei Hitler durch, daß das Schlachtschiff *Scharnhorst* zur Verstärkung der deutschen Kampfgruppe nach Nordnorwegen geschickt wurde. »Angesichts der schwer kämpfenden Ostfront«, betonte Dönitz, »halte ich es für meine Pflicht, die Schiffe einzusetzen.« Hitler blieb skeptisch, ließ aber seinen neuen Marinechef gewähren.

Auch auf dem Schlachtschiff vereisten Deck, Aufbauten und Geschütze bei einer Sturmfahrt im Polarwinter. Hier eine Partie beim ersten 15-cm-Doppelturm an Steuerbord. - Rechts: Der Führer der Zerstörer, Konteradmiral Erich Bey, unter dessen Kommando die Scharnhorst *Weihnachten 1943 zu ihrer verhängnisvollen letzten Fahrt auslaufen mußte.*

So sah auch das Jahr 1943 noch eine deutsche Kampfgruppe im Altafjord, die jedoch nach dem Willen des neuen Oberbefehlshabers nicht mehr von der hemmenden Risikofurcht zurückgehalten werden, sondern unter vollem eigenen Einsatz angreifen sollte, sobald sich eine günstige Gelegenheit bot. Doch diese Gelegenheit ließ auf sich warten. Eingedenk der Katastrophe des Konvois PQ 17 im Sommer 1942 ließen die Alliierten in der hellen Jahreszeit keinen weiteren Nachschubkonvoi durch das Nordmeer laufen. Dagegen versuchten sie am 22. September 1943, die beiden deutschen Schlachtschiffe durch Angriffe von Kleinst-U-Booten an ihren Liegeplätzen außer Gefecht zu setzen. Tatsächlich wurde die *Tirpitz* schwer beschädigt und fiel für ein halbes Jahr aus. Allein die *Scharnhorst* blieb als potentieller Angreifer gegen einen Nordmeer-Konvoi übrig, doch der nun wieder hereinbrechende Polarwinter minderte die Erfolgsaussichten, so daß mit einem Einsatz nicht mehr gerechnet wurde.

Dennoch: Als ein deutsches Wetterflugzeug am 22. Dezember 1943 einen nach Rußland dampfenden Geleitzug sichtete, erhielt die Kampfgruppe am Nachmittag des 1. Weihnachtstages den Angriffsbefehl. Zur Begründung verwies die Seekriegsleitung auf die Lage der Ostfront. Die Zufuhr über See sei für die Russen von größter Wichtigkeit. Die *Scharnhorst* und ihre fünf Zerstörer müßten angreifen, »wenn die Verhältnisse es einigermaßen zulassen«.

Die Verhältnisse in der Polarnacht, wie sie aus dem Gefecht in der Barentssee vor Jahresfrist in unglückseliger Erinnerung waren, wurden diesmal noch durch einen wütenden Südweststurm erschwert, der die Waffenverwendung der Zerstörer fast völlig ausschloß. Allein auf sich gestellt, prallte die *Scharnhorst* am 2. Weihnachtstag zweimal, um 09.26 Uhr und um 12.24 Uhr, auf die Kreuzer-Deckungsgruppe des Konvois. Obwohl artilleristisch unterlegen, hatten die Engländer auf dem unsichtigen Kampffeld den Vorteil, mit den weiterreichenden Radargeräten die besseren Informationen über den Gegner zu besitzen. Zudem nahm der deutsche Befehlshaber, Konteradmiral Erich Bey, irrtümlich an, sein Schiff werde auch von einer schweren feindlichen Einheit beschossen. Befehlsgemäß drehte er ab und versuchte, die norwegische Küste zu erreichen. Auf diesem Kurs lief die *Scharnhorst* dem 38 000-ts-Schlachtschiff *Duke of York* direkt vor die Rohre. Der Endkampf dauerte nahezu drei Stunden. Von schweren Granaten und zahlreichen Torpedos getroffen, sank die *Scharnhorst* gegen 19.45 Uhr vor dem Nordkap und nahm 1932 Mann mit sich in die Tiefe. Gerettet wurden 36.

Hauptgegner der Scharnhorst *(unten) im Gefecht vor dem Nordkap war das Flaggschiff der Home Fleet, die 38000ts große* Duke of York *(links), geführt von Admiral Sir Bruce Fraser. Das Schiff war im November 1941 in Dienst gestellt worden und verfügte über zehn 35,6-cm-Geschütze in zwei Vierlingstürmen und einem Doppelturm. Schwerer als die artilleristische Unterlegenheit der* Scharnhorst *(neun 28-cm-Geschütze) wog der technische Vorsprung des britischen Radar, dessen Einsatz den Engländern gerade im Polarwinter entscheidende Vorteile brachte.*

Das 5042 BRT große Woermann-Motorschiff Togo *war unter dem Namen »Schiff 14«* Coronel *der letzte deutsche Hilfskreuzer, der noch im Februar 1943 den Ausbruch durch den Kanal versuchte. Bombentreffer zwangen zur Umkehr. Die* Togo *wurde zum Nachtjagd-Leitschiff (Bild) für die Luftwaffe umgebaut.*

Auch die Luftwaffe fuhr zur See: Die von zwei BMW-Flugmotoren angetriebenen Siebelfähren wurden zum Transport auf großen Binnenseen, aber auch bei den Landungsflottillen der Marine eingesetzt. Zahlreiche Fla-Waffen sollten die langsamen Fähren gegen Luftangriffe schützen.

Je länger der Krieg dauerte, desto größer wurde die Minengefahr in den Küstengewässern. Tausende von Minen rissen sich aus ihrer Verankerung und mußten unschädlich gemacht werden, ob sie treibend die Schiffe bedrohten oder an Land geschwemmt wurden.

Mehr als 200 während des Krieges in Dienst gestellte Sperrbrecher hatten die Aufgabe, wertvolle Schiffe und Boote sicher durch minengefährdete Gebiete zu schleusen.

Jagdbomber greifen deutsche Minensuch- und Vorpostenboote an. 1944 war die alliierte Luftherrschaft an der französischen Kanal- und Atlantikküste unbestritten - ein schweres Handicap für jede Operation deutscher Schiffe, zumindest bei Tageslicht.

Am frühen Morgen des 6. Juni 1944 begann die Operation »Neptune«, das größte Landungsunternehmen des europäischen Kriegsschauplatzes, die alliierte Invasion in der Normandie. Zum Schutz der Landung waren sieben Schlachtschiffe, 23 Kreuzer, über 100 Zerstörer, mehr als 1000 weitere Kriegsschiffe und Tausende von Flugzeugen aufgeboten – eine überwältigende Streitmacht. Die größten deutschen Kriegsschiffe im näheren Invasionsraum, fünf Torpedoboote, dampften von Le Havre aus gegen die Armada an. Drei Schnellbootflottillen griffen ebenfalls ein und konnten ein paar Landungsboote versenken. Aber die aus den Biskayahäfen kommenden deutschen Zerstörer wurden vorher abgefangen, und das Gros der U-Boote vermochte sich ebenfalls nicht gegen die zahlreiche Abwehr durchzusetzen.
Die Bilder zeigen alliierte Landungsboote vor der Küste und einen der künstlich angelegten »Mulberry«-Häfen, über die der Nachschub rollte, sobald die Angriffsdivisionen an der Küste Fuß gefaßt hatten.

Das letzte Aufgebot

Seit 1943 bildete der K-Verband, das »Kommando der Kleinkampfmittel«, Einzelkämpfer aus, die sich durch gewagte Angriffsaktionen auszeichneten. Zum K-Verband gehörten Kampfschwimmer, die in Flüssen im feindlichen Gebiet auftraten; Einmann-Torpedos (Bild oben rechts): Der Fahrer sollte nach Abschuß des unteren, scharfen Torpedos in dem oberen Trägertorpedo zum eigenen Stützpunkt zurückkehren.
Andere Flottillen des K-Verbandes waren mit Sprengbooten, sogenannten »Linsen«, ausgerüstet (rechts). Hier sprang der Pilot aus dem zum Geschoß gewordenen Boot und wurde von einem Kommandoboot aufgenommen, von dem aus die Sprengstoff-Linse durch Fernsteuerung ins Ziel gelenkt wurde.
Beide Kampfmittel, Einmann-Torpedos und Sprengboote, erzielten einige Überraschungserfolge an der Invasionsfront in der Seinebucht.

Einmann-Tauchboote vom Typ »Biber« werden auf dem Deck eines großen U-Bootes in ihren Einsatzraum transportiert. Dieser im Januar 1945 geplante Angriff von sechs »Bibern« der K-Flottille 265 gegen die Reede von Murmansk mußte jedoch abgebrochen werden. Schon auf der Überfahrt lockerten sich Dichtungen und Benzin-Zuleitungen an den »Bibern«. Wassereinbrüche und Explosionsgefahr waren die Folge.

Links unten: Von Rotterdam aus fuhr die K-Flottille 261 im Winter 1944/45 gegen den alliierten Nachschubverkehr in die Schelde. Hier prüft ein Biberfahrer vor dem Start das Kühlwasserventil. Größtes Handicap dieser winzigen Tauchboote waren ihre Benzinmotoren, deren giftige Abgase oft in den Fahrerraum drangen.

Vernichtung der Tirpitz

Das größte deutsche Schlachtschiff, die »einsame Königin des Nordens«, war 1944 nicht einmal in den Fjorden mehr sicher. Rechts eine britische Luftaufnahme der Tirpitz *an ihrem letzten Liegeplatz bei Tromsö. Mit Zonenschießen der schweren Artillerie versucht das Schiff, die Langstreckenbomber der RAF am Anflug zu hindern.*

Das Ende: Einschläge überschwerer 5,4-t-Bomben auf der Tirpitz *(links) und die Krater, die von Fehlwürfen an Land gerissen wurden. Die oft wiederholten Angriffe der Royal Navy hatten das letzte deutsche Schlachtschiff zwar gelähmt; vernichtet aber wurde es durch die Angriffe des RAF-Bomberkommandos.*

Nach dem Untergang der *Scharnhorst* Weihnachten 1943 vor dem Nordkap blieb die *Tirpitz* das einzige deutsche Großkampfschiff in Nordnorwegen, das den alliierten Nachschub durch das Eismeer bedrohen konnte. Doch kaum hatte die *Tirpitz* im März 1944 die Reparatur der Minenschäden durch den fünf Monate zuvor erfolgten Angriff britischer Kleinst-U-Boote beendet und die Probefahrten wieder aufgenommen, da brach erneut Unheil über sie herein.
Wieder war die britische Home Fleet mit zwei Schlachtschiffen, sechs Flugzeugträgern und zahlreichen Kreuzern und Zerstörern zur Stelle, um die 49 vollbeladenen Schiffe des Konvois JW. 58 zu sichern. Obwohl die *Tirpitz* gegen diese Übermacht gar nicht auslief, drang der Gegner bis zu ihrem Liegeplatz vor und griff an. Am 3. April 1944 waren 40 von den Trägern gestartete Sturzbomber mit ebensovielen Jägern über dem Altafjord. Die *Tirpitz* wurde von 14 Bomben getroffen, hatte schwere Mannschaftsverluste und fiel erneut für den Einsatz aus.
Von nun an lag das mächtige Schlachtschiff, das seine Kräfte nicht mit einem Gegner in See messen konnte, lag die »einsame Königin des Nordens« im Todeskampf. Ihre Gegner warteten nicht mehr ab, bis das Schiff wiederhergestellt war. Vier weitere Angriffe von Trägerflugzeugen im August 1944 brachten freilich keinen durchschlagenden Erfolg. Die Engländer gingen dazu über, viermotorige Lancaster-Bomber gegen die *Tirpitz* einzusetzen. Beim ersten Angriff am 15. September schlug eine 5,4-Tonnen-Spezialbombe in das Vorschiff. An eine Reparatur fern der Heimat war nicht mehr zu denken. So wurde die *Tirpitz* in den Sandesund nahe Tromsö geschleppt, um dort wenigstens noch als schwimmende Batterie zu dienen. Hier ereilte sie am 12. November 1944 ihr Schicksal: Mehrere direkte und Nahtreffer brachten das Schiff zum Kentern. 902 Soldaten fanden dabei den Tod, die meisten, weil sie nicht mehr aus dem gekenterten Wrack herausfanden.

Die U-Boote der neuen Generation unterschieden sich schon in der äußeren Form erheblich von ihren Vorgängern. Erstmalig konnte man beim Typ XXI (oben) und beim kleineren Typ XXIII (rechts) von echten Unterseebooten sprechen. Größere Batterien und stärkere Elektromotoren befähigten sie, unter Wasser schneller zu laufen als der Geleitzug an der Oberfläche. Damit wurde ein schwerer Nachteil der herkömmlichen U-Boote, die nach kurzer Unterwasserfahrt auftauchen und über Wasser operieren mußten, behoben.

Die neuen U-Boote

Von allem Anfang an, das heißt schon vor dem Kriege, hatte U-Bootchef Karl Dönitz seiner Sorge Ausdruck gegeben, daß die U-Boote bald durch Flugzeuge unter Wasser gezwungen werden könnten. Dort aber waren sie nahezu unbeweglich und konnten ihre Kampfaufgabe nur schwer erfüllen. Abhilfe versprach eine von Professor Walter entwickelte Antriebsanlage, die Wasserstoffsuperoxyd als Sauerstoffträger für einen Kreislaufmotor verwendete. Das Boot war also von der Luft unabhängig, und es erreichte eine hohe Unterwassergeschwindigkeit. Dennoch waren die Erprobungen noch nicht abgeschlossen, als der Zusammenbruch des U-Bootkrieges im Frühjahr 1943 die Schwächen der bisherigen Tauchboote offenkundig machte. Als Zwischenlösung konstruierte die Kriegsmarine »Elektroboote«, die vor allem durch verdoppelte Batteriekapazität unter Wasser beweglicher wurden. 119 Boote des großen Typs XXI und 62 von dem kleineren Typ XXIII wurden trotz aller Bombenangriffe bis zum Kriegsende fertiggestellt; an die Front aber kamen nur noch wenige. Die Entscheidung der Schlacht um den Atlantik war unwiderruflich bereits 1943 gefallen.

In Bergen einsatzbereit: Das Kriegsende verhinderte die ersten Feindfahrten voll ausgebildeter Typ-XXI-Boote. Sie verdrängten 1623 t, waren mit modernsten Geräten, so auch mit Unterwasserschall-Ortung, ausgerüstet und schossen ihre Torpedos aus sechs Bugrohren. Aufgetaucht wurden natürlich auch diese Boote aus der Luft überrascht und versenkt – wie dieses Boot (links, Mitte), das sich auf der Fahrt nach Norwegen befand.

Unten: U 793, *eines der Versuchsboote mit Walter-Turbinen, auf Probefahrt im Hamburger Hafen. Diese Entwicklung wurde nicht mehr frontreif und bald nach dem Kriege durch den Atomantrieb für Unterwasserschiffe abgelöst.*

Flucht über die Ostsee

Schiffsartillerie griff überall an der Ostseeküste in die an Land tobende Abwehrschlacht ein. Hier allerdings hat der schwere Kreuzer Prinz Eugen *den leichten Kreuzer* Leipzig *mittschiffs gerammt. So geschehen im Nebel der Danziger Bucht, am 15. Oktober 1944. Erst nach 14 Stunden gelang es, die Schiffe auseinanderzuziehen und in den Hafen zu schleppen.*

Von Januar bis Mai 1945, in den letzten Monaten des Zweiten Weltkrieges, war die deutsche Marine noch einmal zu einem Großeinsatz aufgerufen, und es war zugleich die größte Rettungsaktion der Geschichte. Damals hatte die Rote Armee zunächst Ostpreußen, später auch Pommern und Westpreußen vom restlichen Reichsgebiet abgeschnitten. Bald gab es für Hunderttausende nur noch eine Hoffnung, nach Westen zu entkommen: die Flucht übers Meer, über die Ostsee. Alle noch fahrbereiten Kriegs- und Handelsschiffe, alle, die keine wichtigen militärischen Aufgaben mehr zu erfüllen hatten und noch genügend Treiböl bunkern konnten, wurden in diesen Wochen über die Ostsee zu den Einschiffungshäfen an der Danziger Bucht beordert. Immer mehr wurde die Rettung der Flüchtlinge und Verwundeten und zuletzt auch der kämpfenden Truppe zur Hauptaufgabe der Marine nach fünfeinhalbjährigem Kampf. Trotz schmerzlicher Verluste durch sowjetische Luftangriffe, Minen und U-Boote, die manche vollbeladene Schiffe in die Tiefe rissen, ist der Erfolg der Rettungsaktion heute unbestritten. Mehr als 2 Millionen Männer, Frauen und Kinder, die sich im Chaos des Zusammenbruchs auf die Schiffe flüchten konnten, gelangten über See sicher in den Westen. Was die geschlagene Marine hier leistete, wird unvergessen bleiben.

Umgebaute Küstenmotorschiffe wie hier der »Schwere Artillerieträger« Nienburg *gehörten zu den Sicherungsverbänden der Marine im Endkampf auf der Ostsee. Hauptaufgabe blieb die Rückführung von Flüchtlingen und Soldaten, wofür jede freie Tonne Schiffsraum eingesetzt wurde. Links ein Transport in der Danziger Bucht, unten eingeschiffte Truppen auf dem Zerstörer* Z 34.

10. Mai 1945, Geltinger Bucht: Zum letzten Mal sind die Besatzungen an Bord ihrer Schnellboote angetreten, um die Flagge niederzuholen. Bis zum letzten Augenblick haben die Soldaten ihre Pflicht erfüllt.

Eine der alliierten Kapitulationsbedingungen forderte, die gesamte deutsche Flotte auszuliefern. Das Oberkommando der Marine befahl daraufhin, nichts zu zerstören oder zu versenken. Dennoch sanken viele U-Boote durch die Hand ihrer Besatzungen. Die Häfen, die Küsten boten ein Bild der Vernichtung.

Register